DERIVATION AND REGENERATION OF THE LIVING SPACE
IN BEIJING HISTORIC AREAS

Courtyard
Society

院落

北京历史文化街区的生活空间衍化与再生

社会

石炀 / 著

清华大学出版社

北京

图书在版编目（CIP）数据

院落社会：北京历史文化街区的生活空间衍化与再生 / 石炀著. —北京：清华大学
出版社，2022.8

ISBN 978-7-302-61259-9

Ⅰ.①院… Ⅱ.①石… Ⅲ.①城市道路－城市规划－研究－北京 Ⅳ.①TU984.191

中国版本图书馆CIP数据核字（2022）第117689号

责任编辑：张　阳
封面设计：吴丹娜
版式设计：谢晓翠
责任校对：王荣静
责任印制：杨　艳

出版发行：清华大学出版社
　　　　　网　　址：http://www.tup.com.cn,　　http://www.wqbook.com
　　　　　地　　址：北京清华大学学研大厦A座　　　邮　　编：100084
　　　　　社总机：010-83470000　　　　　　　邮　　购：010-62786544
　　　　　投稿与读者服务：010-62776969, c-service@tup.tsinghua.edu.cn
　　　　　质量反馈：010-62772015, zhiliang@tup.tsinghua.edu.cn
印装者：小森印刷（北京）有限公司
经　　销：全国新华书店
开　　本：165mm×230mm　　　印　　张：18.75　　　字　　数：283千字
版　　次：2022年8月第1版　　　印　　次：2022年8月第1次印刷
定　　价：99.00 元

产品编号：092416-01

序言

　　四合院是传承久远的北京传统居住生活形态中最典型的细胞单元，保留了大片四合院的历史文化街区承载着这座都城丰厚的历史文化和真实的生活传统，这里不仅有老北京独特的传统风貌，也有着丰富多样的社会生活，更孕育出了具有鲜明地域特色的京味文化。

　　作为北京老城整体保护的重要地区，历史文化街区是体现地域传统生活，展现城市传统风貌，构成北京古都整体空间特色的最为重要的基底。历史文化街区在保护好传统风貌的同时，也需要不断提升人居环境的品质，系统性地改善居住生活条件。这是一项异常艰巨的任务，也是践行人文关怀理念、实现文化复兴的关键所在。

　　因此，在阅读这份书稿的过程中，我不仅可以理解石炀对历史文化街区"社会性"生活的定义和阐释，也可以深切感受到，他的研究中透过对社会与生活的生动翔实的解析所体现的发自内心的强烈人文关怀！

　　这本书令我回忆起石炀十余年来从硕士学习到博士论文研究北京历史文化街区的过程，他始终对历史文化街区中的居住问题保持浓郁兴趣，并且延续至今。这个兴趣是有益的，因为居住问题是历史文化街区面临的基础性问题，直接关系着数十万居民的日常生活，也牵连着北京老城整体性保护工作的方方面面。同时，这个方向的工作是烦琐和艰苦的，涉及的社会和空间因素颇为复杂，相互错综交织，需要抽丝剥茧般的细致梳理。

　　我曾经建议石炀，应当努力深入到居民真实生活中，尽可能翔实地做出每一份调查访谈、实态分析。现在看来，在十余年来陆陆续续的调查中，他没有浮于街巷胡同、公共空间和统计数据之中，而选择走进一个个家庭和院落，从鲜活的人物和事件中寻找线索，以具体而非抽象的方法来做研究。这可谓"笨功夫"，并不太容易很快地形成研究成果，但我认为这是有价值的，是真正了解北京老城百姓生活和社会空间演变的必要过程，也是北京历史文化街区保护研究的重要基础。在这个过程中，他开始逐渐形成了观察、分析、解释和判断历史文化街区居住问题的视角和方法，并尝试将点点滴滴的研究，逐渐汇聚成对于北京历史文化街区居住问题的整体认识，并最终形成了《院落社会》这本书。

关于书名中的"生活空间"，我们曾有讨论。这本书关注的重点，并不仅仅是局限在历史文化街区作为文化遗产保护的范畴，而重在关注历史文化街区中社会空间的演变和不同群体的日常生活，我想，这种"社会性"视角恰恰是历史城市传统居住生活型历史文化街区的最大特点。这本书不断提醒我们，以街巷、胡同和院落所构成的历史文化街区中的生活空间肌理并非微不足道的细枝末节，而是在有序和多变中，成为传承古都北京文化基因的重要载体。作为城市社会空间中特色鲜明的细胞单元，它们潜移默化而深刻地影响着历史文化街区的精神。从某种意义上来说，历史文化街区中的生活空间不仅是独具特色的一种文化遗产类型，也是承载其他文化遗产类型的基础。

街区中的生活空间并非僵化不变的，它积淀着不同时代的记忆，并将持续融入新的时代记忆。关于历史文化街区社会生活空间的研究应当引起大家的关注，并且需要不断开拓创新。我很欣慰地看到，石炀并没有把这本书作为研究终结的意图，也并未急于给出结论，而是谨慎地选择其中一段时期，尽可能把这种"过程性"体现出来。

以不同的价值观来审视历史文化街区生活空间的变化，往往会有截然不同的评价，激烈的褒贬之词容易引起共鸣，但也更容易失之偏颇，往往不能充分体现历史文化街区的复杂性。这本书花费了很多篇幅来描绘北京历史文化街区中的家庭、院落和不同片区的案例，并试图解释它们的变化过程和原因。在进行这些描绘和解释时，书中采取了相对冷静的态度，很少给出非此即彼的判断。这种比较平和的叙述方式，也许更容易引起阅读时的思考，有助于启发读者更加理性地审视历史文化街区中的问题。这种客观中立的态度，是我们观察、分析、解释和判断历史文化街区问题时应当始终秉持的基本价值观。同时，这本书的措辞平实直白，很少使用专业化的词语，但相比玄虚花哨的概念，我更加赞同这种简单直接把事情说清楚的方式。书中有一个观点是颇为清楚的，那就是"北京老城具有整体之美、多样之美，但如果一部分家庭、院落和片区的困难程度超出了基本的下限，这种美就会受到威胁甚至破坏"。这种观点来自于朴素的人文关怀，包含对均衡和整体性的希冀，对北京老城整体保护工作充分融入"社会性可持续"理念应当有所启发。

回顾数十年来的工作，北京历史文化名城保护已积累了丰富的研究与实践经验，政策在演进中也不断完善，能够更科学地体现文化遗产保护的价值导向，更有针对性地长效性化解其中累积的复杂矛盾。我们要在保护与发展的过程中提倡"求同存异"，就是要客观面对不同片区历史积累而成的现实差异，应厘清、明确和坚持共同的保护原则，坚持历史遗存保护的真实性、传统风貌延续的整体性和社会生活演进的延续性，并充分考虑不断变化的城市背景与差异化的保护需求，应对变化与差异，平衡保护与发展，统筹整体与局部，兼顾风貌与生活，考虑社会与人口，充分发挥政府与公众的作用，以实现一种社会化可持续原则为导向，通过差异化、针对性的保护路径实现不同街区的历史价值传承与地区发展复兴。

今年正值《北京旧城二十五片历史文化保护区保护规划》正式批复二十周年，在这个具有特殊意义的时间节点，希望《院落社会》一书能够引起更多对于历史文化街区保护工作的新思考和新探索。

城市历史保护永不言晚，观念的更新和方法的探索任重道远，更需要一代一代人的接续努力和执着前行。

边兰春

2022年8月4日于清华园

前言

北京老城最鲜活的底色，是院落生成的社会。

梁思成以寥寥数千字囊括了北京城3000年的建城史，侯仁之和一众学人把它详详细细地考证还原，这些文字和仍存的遗迹互为印证，所以我们常常惊叹于古都北京朝代更迭的瑰丽、神奇的水脉、严整的轴线、恢宏的国都意象，以及难以计数的一处处史事。

然而，当我们登上钟鼓楼探看古老中轴线和远处西山，或者走进某个普通院落，或者漫步在"传统特色商业街"时，我们又会惊诧，惊诧于每个细微之处都有难以忽视的困窘（图0.1）。我们能够真实地感受到，古都北京并非只存在于如椽大笔之下，更是存在于一枝一叶的纤毫之间，而其间的困窘如若没有改善，就汇成了无处不在的困境底色。如果对古都北京观察的时间稍久一点，例如10年，或者20年，这种对于困窘的惊诧又会变成挥之不去的困惑，究竟是什么力量造成了这些困窘？所以，我把一些能够感受到，不那么复杂，却又耐人寻味的困惑，大体归拢成三个话题。

第一是"大杂院"。它是杂的、乱的，却不污臭和危险。很多人不喜欢大杂院，甚至不知道大杂院至今依然遍布北京老城各处，但它确确实实是数十万居民的现实生活，甚至数十年来已经成为北京老城的独特居住形态，那么大杂院究竟是因何而来，为何扎根不去，有哪些烟火之美，又有哪些难解之苦呢？（图0.2～图0.4）

第二是"胡同"。不计已经拓宽的、消亡的，仅说现存的、未经剧烈改造的，仍有一千余条。如果把每条胡同当作完整个体看，有的整洁精致，有的嘈杂局促。如果换个角度看，每条胡同又都是由院落构成的，这些胡同串起来的院子，并不是同质的、类似的，很有可能这个院子舒适地住着三两家，甚至是独门大院，而隔壁院子却是数十户的"大杂院"。这是个耐人寻味的话题，胡同里的院子和院子之间，到底有多大的差别，这种差别是怎么产生，又产生了什么影响呢？

第三是"白塔寺""南锣鼓巷""前门大街""大栅栏商业街"等的"词汇""意象"和它们背后的实际。北京老城有很多这样耳熟能详的片区，但若从天空俯瞰，我们脑海中的"片区"却往往只是比例很小的斑块、街巷或条带，它们周围大片大片的灰色屋顶并不著名，也并不吸引人们的观赏游憩。那么，北京老城占主要比例的历史片区实际情况究竟怎么样，它们跟那些"明星"片区有什么关联，又有什么命运差异呢？

这三个话题，关注的都是北京老城尤其是历史文化街区内部的差异和分化。片区和片区之间，院落和院落之间，家庭和家庭之间，高的和低的，好的和差的。

这三个话题，并不是令人轻松愉快的话题。但是，我想，现实问题是存在的，面对现实问题，我们有时候会急急忙忙试图去解决，却可能没有解决好。如果我们先停下手，花费一些时间去好好地思考和讨论，也许反而能够想得更清楚明白。或许，我们面对的最大问题并不是，起码并不仅是这些现实的问题，而是我们没有认真、务实地去认识和解释这些问题。甚至可以说，我们的最大问题，是解决"问题"时的"问题"。

图0.1 鼓楼南望

图片来源：笔者2018年摄于鼓楼。

图0.2 杂院，2009年摄于西四北头条

图片来源：清华大学课题组完成的《北京市阜景文化旅游街区发展规划研究》。

图0.3 杂院

图片来源：笔者2014年摄于蓑衣胡同。

图0.4 杂院的室内

图片来源：笔者2019年摄于陟山门街。

目 录

第
一
章

脉
络

很多问题需要经过长时间的回溯，才能看到它的产生，它在任何一个时间节点，似乎都在以无法觉察的速度生长，而突然在某一个时刻，就成为无法回避的焦点。

这里试图讨论一些关于北京老城历史文化街区的问题。如果狭义地看，北京老城历史文化街区始于1990年公布的第一批历史文化保护区（后改称历史文化街区）名单[1]；但若对北京老城保护的脉络稍加关注，我们就无法绕开1949年以来北京老城的演变历程；假如更加以延展，就要追溯至元大都。

1.1 困境，1949年之前

有限的空间容量与日增的社会功能，是北京老城诸多问题的根源，这种空间容量与社会功能的不匹配，始终伴随着北京城的形成和演变。

元初，在整体谋划大都"划线整齐""有如棋盘"[2]空间格局的同时，也在持续内迁军户、匠役、民户，甚至蒙古诸部贫民。迁居民以"实京师"[3]是中国封建社会时期经常采用的自上而下的城市营建策略，元泰定四年（1327年），大都的城市户口达到21.1万户和95.2万人[4]。由于城市人口众多，政府负担沉重，元朝政府在人口鼎盛时期不断迁出军人宿卫与屯田，并且严格限制流民聚集，甚至"遣官分护流民返乡"[5]，大都经历了"建城—内迁—繁盛—外迁"的过程。"泰定四年之后，大都城市和大都地区户口因政治、社会、经济等原因导致了离散迁移及增殖过程减缓而急剧耗减，兼明初各项迁散措施的实行，到明洪武二年大都（北平）城市户口分别减少到3.7万户，9.5万人。"[6]随着人口的耗减，社会功能与空间容量的矛盾也就不复存在了。

明迁都北京，北京城迎来元大都之后又一次功能和人口内迁的高潮时期，明朝中后期的北京内城，"生齿滋繁，阡陌绮陈，比庐溢郭"[7]，"关厢居民无

---

1. 1986年《国务院批转城乡建设环境保护部、文化部关于请公布第二批国家历史文化名城名单报告的通知》中采用"历史文化保护区"，《中华人民共和国文物保护法》（2002修正）中正式使用"历史文化街区"的名称，文中根据所述内容的时期分别使用"历史文化保护区"或"历史文化街区"。
2. 《马可·波罗行记》，冯承钧译，沙海昂注，商务印书馆，1936，第二卷第七章，转引自侯仁之《北京城市历史地理》，燕山出版社，2000，第88页。
3. 韩光辉：《北京历史人口地理》，北京大学出版社，1996，第288页。
4. 同上书，第81页。
5. 同上书，第256页。
6. 同上书，第141页。
7. 《张凤盘集》卷一《京师新建外城记》，转引自侯仁之《北京城市历史地理》，燕山出版社，2000，第309页。

虑百万"[8]，当功能和人口逼近容量上限之后，明政府也开始外迁城市户口，遣回庶官，外迁卫所军人实行屯居，遣返流民，甚至"潜住京师者""则行缉治"[9]。与元末相似，明末持续的战乱使北京城的人口与功能又一次降至低点。

清朝定都北京后，继续采取了与前朝相似的营城措施，初时内迁八旗人口，"著满汉人等合居一处"，后又"凡汉官及商民人等，尽徙城南居住"[10]。历史总是惊人地相似，当北京城的功能与人口达至高峰期之后，为了控制人口，清中后期采取了严禁流民占籍京师、限制致仕官员及胥吏寄籍京城等措施。

纵观辛亥革命之前北京城的演变，其社会功能和人口规模基本处于波浪式的循环过程，在朝代更迭时期由于战乱原因大幅度耗减，在皇权和都城因素的影响下重新聚集，对消费品供给和空间建设产生巨大压力，继而采取自上而下的外迁或管控措施。

这种规律性的循环，在清末至民国的转折时期发生了变化。辛亥革命前后，北京没有经历类似元末、明末的急剧衰退和人口流失，朝代和制度的更迭没有剧烈地影响人口和社会功能聚集。民国时期，北京城的近现代工业、商业和服务业提供了更多就业机会，加之战乱、灾荒频发，农村人口流离并向城市迁移，北京城的人口规模进一步增加。1908年户口统计的内外城人口为76.1万人，1928年达到89万人[11]，1935年北京城区人口达111.4万人，1948年更达151.4万人[12]。相较于元明清时期迁居民以实之的方式，民国时期北京城人口聚集的主要动力，不再是自上而下的政权力量，而更多源自于经济和社会的需求。

1949年1月，北平和平解放，再一次避免了变革时期的人口和社会功能耗减。中华人民共和国成立后，确定了北京的政治中心地位，中央行政办公机构入驻，进一步增强了北京城的人口和社会功能集聚的吸引力，彻底打破了北京城规律性的兴衰循环。

8.《王司马奏疏》卷一，见《明经世文编》卷二八三，转引自侯仁之《北京城市历史地理》，燕山出版社，2000，第309页。
9. 韩光辉：《北京历史人口地理》，第301页。
10. 同上书，第272—273页。
11. 王亚男：《1900—1949年北京的城市规划与建设研究》，东南大学出版社，2008，第153页。
12. 韩光辉：《北京历史人口地理》，第131页。

不过，当我们在欢庆北京城的居民免遭战火，北京城的璀璨文化遗产得以保全之时，也应当留意，北京城人口和社会功能的不断集聚，将成为未来数十年一直需要解决的现实问题。这些问题与封建时期北京城存在的问题并不相同，一方面，随着科技发展，交通运输和基础设施能力已经足以保障粮食、水、电等基本消费供给；但另一方面，各类行政、商业和办公功能，居民的住房需求，以及与此相关的公共服务需求不断提高，人口和社会功能所需的空间不断增长，这是诸多问题的起点。

1.2 显性破坏和隐性问题，1949年至1999年

自中华人民共和国成立至1999年划定第一批25片历史文化保护区范围期间，由于经济社会条件和认识的局限，在这五十年中，北京老城的空间整体性受到了明显的破坏。在解危解困、大型公共设施建设、危旧房改造和商业中心、金融中心建设的过程中，大量四合院被成片推平改造，胡同数量急速减少（图1.1），"1949年至1995年旧城累计拆房近600万平方米"[13]。在胡同四合院被成片拆除的同时，院落的质量也在衰败。"新中国成立初期，北京老城共有房屋1700多万平方米，其中住宅1100万平方米，绝大多数为平房。当时危房只有80多万平方米，仅占房屋总量的5%左右"；而到1990年，"旧城内平房总量为2142万平方米，其中危房1012万平方米，已占到平房总量的50%左右"[14]。

北京老城在空间整体性受到破坏的同时，社会功能在持续聚集。20世纪50年代至80年代是行政职能持续聚集的阶段；20世纪90年代，商业文化、金融办公功能则进一步聚集。多重功能聚集带来巨大的设施压力，曾有学者测算，在20世纪末，北京老城聚集了当时北京约一半的交通量和一半以上的商业活动[15、16]。

---

13. 董光器：《古都北京五十年演变录》，东南大学出版社，2006，第196页。

14. 清华大学建筑学院：《北京旧城保护研究报告》，2009，第24页。

15. 李康、金东星：《北京城市交通发展战略》，《北京规划建设》1997年第6期，第5—8页。

16. 李康：《可持续发展与城市生态化》，首都规划建设委员会主办北京城市可持续发展系列报告，记录稿（1998年7月21日），转引自可《从城市设计角度对北京旧城保护问题的几点思考》，《世界建筑》2000年第10期，第61—65页。

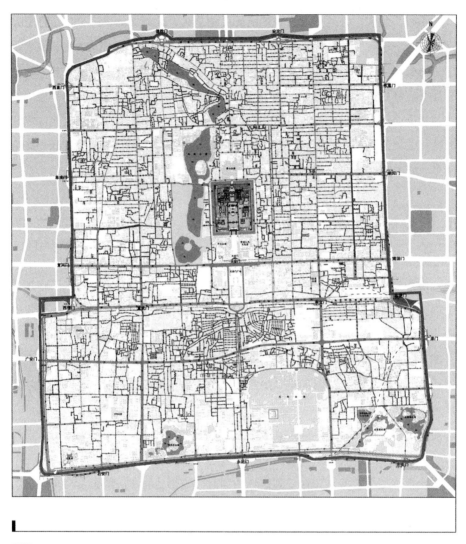

街道
胡同
居住
绿化
河湖水系
旧城保护范围

图1.1　北京老城街巷胡同分布图

图片来源：《北京城市总体规划（2004年—2020年）》说明书。

　　在功能聚集的同时，居住人口也在持续增加。如果说行政机关、商业和金融机构聚集改变了北京老城显性城市空间结构，那么居住人口持续增加则是从根本上改变了北京老城隐性社会形态。从目前北京老城历史文化街区面临的住房困难来看，居住人口持续增加所产生的深远影响，并不亚于空间的破坏和多重功能的聚集。

根据韩光辉的研究，1948年北京城区（不含郊区和各县）人口约为151万人，28.5万户[17]。根据董光器的研究，1949年北京城市人口大约为165万人，41万户，人均居住面积4.75平方米（使用面积7平方米）[18]。这两组数据的出处不同，但都应是可信的。此处的住房数据尤其值得我们留意，董光器的研究中曾提到："从1949年至1976年，人均居住水平不但没有提高，反而还略有降低，1949年人均居住水平为4.75平方米，到1976年却只有4.45平方米……到1991年底人均居住面积达到8平方米。"[19]根据近年来的调查，目前北京老城历史文化街区居住院落中的人均住房面积并未有显著改善，亦即我们始终未能彻底解决北京老城的居住困难问题。

中华人民共和国成立后，在北京城市顶层设计中，对北京老城居住人口始终有加以控制的设想和计划。例如：在20世纪60年代的北京城市总体规划研究中，提出在主干道与广场周围以建高层为主，其余部分以多层为主，改建后老城的合理容量为100万人。1982年版北京城市总体规划确定，到2000年北京人口不要超过1000万，市区人口力争控制在400万，预计老城规划人口规模为120万人。

实际情况并没有按照预期计划发展。1990年北京老城常住人口161.9万人，至2005年北京老城常住人口为138.6万人[20]，1990年城四区[21]常住人口为233.7万人[22]，至2000年城四区常住人口为211.5万人[23]。从数据表面看，20世纪90年代以来北京老城常住人口具有下降的态势，但实际上，这是北京老城公共功能增加和

17. 韩光辉：《北京历史人口地理》，第131页。
18. 董光器：《古都北京五十年演变录》，第195页。
19. 同上书，第197页。
20. 北京市规划设计研究院：《北京旧城控制性详细规划（草案）》，2006，转引自边兰春《北京旧城整体性城市设计》，博士学位论文，清华大学建筑学院，2010，第124页。
21. 城四区即原东城区、西城区、崇文区、宣武区辖区，2010年区划调整为东城区、西城区，即首都功能核心区，大于北京老城范围。
22. 《北京市第四次全国人口普查公报》，转引自清华大学建筑学院《北京旧城保护研究报告》，2009。
23. 北京市统计局：《2000年北京市第五次全国人口普查主要数据公报》。

居住用地持续减少情况下的数据。在20世纪90年代商业、文化、金融和办公等功能大规模置入北京老城过程中，原有居住用地上的居民进行了集中连片的外迁，居住用地变更为非居住功能，这种变更是20世纪最后十年里北京老城常住人口下降的最大原因。而在保留了居住功能的历史文化街区，即使部分居民主动迁出老城，往往也伴随着外来人口的填补和增加，居住密度实际上并未降低，部分地区甚至在继续升高。

回顾1949年至1999年的五十年时间，北京老城演变存在两个方向：一方面是集中连片改造，将传统胡同四合院地区改造为成片的居住区或者商业、金融、办公空间；另一方面是在传统胡同四合院地区中通过加建、改建、扩建等增加空间容量的方式来应对居住人口过多问题。这两个方向显然都无法降低传统居住片区中的居住密度，所以传统居住片区的实际居住密度一直在升高。在单位制的社会背景下，住房实物分配制度维持着高密度、同质化的居住形态；随着单位制解体和住房市场化改革，家庭之间的经济社会差异扩大，20世纪的最后十年，北京老城大规模人户分离现象已经十分明显，这是对长期而隐性的居住问题的直接回应。人口与住房问题，已经无法再拖延下去了。

归纳1949年至1999年北京老城人口与居住问题的演变，大致有三个阶段：

第一阶段是中华人民共和国成立初期，老城的人口迅速增加，外来人口持续迁入，主要采取住房分配和利用空地新建住房的方式解决居住问题。"经历了1954年合作化高潮和1956年社会主义改造后……其余大部分私人房产通过赎买政策，全部变为公房，由房管局或单位直管。"[24]此外，自1949年至1966年共新建近800万平方米住房，来解决居住问题[25]。

第二阶段是"文化大革命"时期和改革开放早期，"文化大革命"时期主要采取降低标准的策略，用建简易楼、就地上楼等方式解决持续存在的居住困难问题。十年动乱结束转向改革开放时期，随着知青返城和人口的自然增长，老城中居住人口再度持续增加，政府通过鼓励"见缝插楼"和"接、

---

24. 董光器：《古都北京五十年演变录》，第196页。
25. 同上书，第198页。

8　院落社会

推、扩"[26]的加建方式来解决居住问题。

第三阶段是危旧房改造与大规模房地产开发时期，老城内有大面积的传统胡同四合院片区进行了拆除更新和功能变更，相当一部分居民在这一过程中外迁，他们所居住的片区在拆除更新后建设成为新的商业中心、金融中心，或者置入了新的居民。而未集中连片更新改造的居住片区则处于缓慢自然衰败和简单维护的过程中。

1.3 相对完整的街区，20世纪的末端

1999年，北京市政府划定第一批25片历史文化保护区的范围[27]，这既可以看作北京历史文化名城三级保护体系的建立与完善，也可以看作北京老城整体性受到破坏后的无奈之举。一种观点认为，划定历史文化保护区具有强调重点片区的意味，在1999年至2003年期间，将未划入历史文化保护区的地区置于大规模危改和房地产开发之下；另一种观点认为，在当时的情况下，完全保留北京老城是难以实现和不切实际的，能够保留部分精华地区是现实而兼顾平衡的做法。

从客观现实看，从第一批25片历史文化保护区，到第二批、第三批合计33片历史文化街区的陆续划定，相对完整地勾勒了北京老城历史文化资源的空间结构（表1.1）。

首先，在划定了历史文化保护区之后，北京老城保存了整体空间结构的相对完整性。中轴线、四重城廓、明清皇城、历史水系、重要街巷的整体骨架和关键片区仍然较为完整。33片历史文化保护区依附于北京老城的整体骨架，通过中轴线、长安大街、朝阜大街以及其他若干条重要的传统街道联系，与天坛、地坛、日坛、月坛等重要历史节点共同构成相对完整的空间结构（图1.2）。

其次，划定的历史文化保护区具有空间与功能类型的多样性。皇家文化、

---

26. "接、推、扩"即20世纪70年代后期，政府允许在四合院住宅内推出一点、推长一点、扩大一点以解房屋紧缺之困。出自董光器：《古都北京五十年演变录》，第200页。
27. 北京市城乡规划委员会：《北京旧城历史文化保护区保护和控制范围规划》，1999。

表1.1　北京老城33片历史文化街区名录

序号	历史文化街区	序号	历史文化街区	序号	历史文化街区
1	南长街	12	景山后街	23	东琉璃厂
2	北长街	13	地安门内大街	24	西琉璃厂
3	西华门大街	14	五四大街	25	鲜鱼口
4	南池子	15	什刹海	26	皇城
5	北池子	16	南锣鼓巷	27	北锣鼓巷
6	东华门大街	17	国子监	28	张自忠路北
7	文津街	18	阜成门内大街	29	张自忠路南
8	景山前街	19	西四北头条至八条	30	法源寺
9	景山东街	20	东四北三条至八条	31	新太仓
10	景山西街	21	东交民巷	32	东四南
11	陟山门街	22	大栅栏	33	南闹市口

资料来源：笔者根据《北京城市总体规划（2004年—2020年）》整理。

注：1～25为北京老城第一批历史文化街区，26～30为北京老城第二批历史文化街区，31～33为北京老城第三批历史文化街区。

宗教文化、传统商业文化、传统居住文化等功能的多样性和综合性，在不同历史文化保护区中均仍能体现。以宫城为核心，以南北池子、南北长街、景山八片等历史文化保护区为背景，保留了以皇家建筑群为核心、传统民居为背景的空间特征，在功能上以故宫博物院—景山—北海为核心文化功能，以中南海区域为核心政务功能，周边辅以居住功能；在什刹海、南锣鼓巷、大栅栏和东西琉璃厂、鲜鱼口等地区，保留了中轴线两侧、内外城各具特征的传统空间形态，也是传统商业与居住相结合的标志性地区；在阜内大街、西四北、东四、张自忠路等地区，保留了内城东西两翼的传统空间形态，是传统风貌居住形态的典型代表；而国子监、法源寺、东交民巷等地区则以重要文化资源节点、重要历史时期建筑风貌等为特征，代表了北京老城的文化特征片段。

　　最后，各个历史文化街区基本保持了社会和空间的相对完整性。划定33片历史文化保护区的范围时，或以河湖水系，或以重要街道，或以风貌特征为界，基本保持了相对完整的历史地段，基本保留了传统的胡同四合院居住形态，其中的重要文物保护单位处于相对完整的传统风貌环境之中，单个历史文

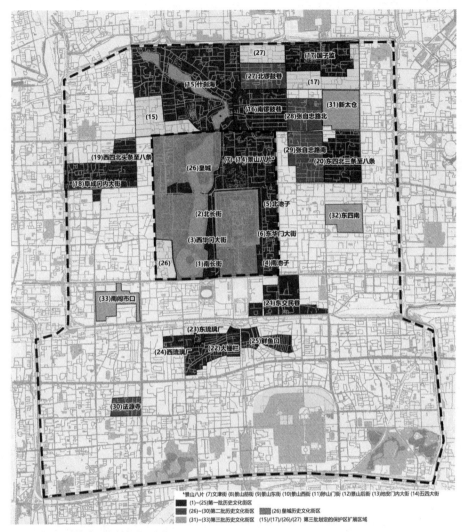

图1.2 北京老城33片历史文化街区分布图

图片来源：石炀、李硕根据《北京旧城二十五片历史文化保护区保护规划》《北京城市总体规划（2004年—2020年》绘制。

化保护区具备比较清晰可辨识的特点。乐观地说，先后划定的33片历史文化保护区是最能体现北京老城整体性价值的重点区域，如果将北京老城比作人体，那么传统中轴线、四重城廓、视廊对景和河湖水系构成了骨架，街巷胡同格局是绵连的经络，历史文化保护区则是保留的重要躯干。

1.4 实践的探索，21世纪

(1) "1+6"试点地区

世纪之交，北京市危改工程达到高峰，这一时期总结了很多种"模式"，例如：危旧房改造与住房制度改革结合起来的"房改带危改模式"，商品房开发带动危旧房改造的"开发带危改模式"，与路网加密工程和市政基础设施建设相结合的"市政带危改模式"，等等[28、29]。2001年至2003年，城四区拆除危旧房达445.94万平方米[30]，平均每年约150万平方米。

世纪之交是北京老城的转折，既是大规模危改对北京老城产生严重破坏的时期，也是对历史文化保护区影响深远的时期。1999年，25片历史文化保护区范围划定；2001年，南池子历史文化保护区保护更新试点启动[31]；2002年，《北京旧城二十五片历史文化保护区保护规划》批复；2003年，第二批历史文化保护区保护更新试点公布，包括玉河、三眼井、白塔寺、烟袋斜街、前门（前门东侧路）、大栅栏（大栅栏煤市街）等6处。这些密集的行动标志着大规模拆除胡同四合院进行危改的方式已经走向剧终。经过这一阶段，历史文化街区的空间形态基本进入了较为平稳的阶段。

现在，"1+6"（南池子+玉河、三眼井、白塔寺、烟袋斜街、前门、大栅栏）试点并不经常被提起，然而这7处试点的深远影响绵延至今，甚至可谓近20年历史文化街区保护更新的主线脉络。当我们讨论近20年的问题、行动、经验和教训，无论如何兜兜转转，总会回到这7处试点所处的区域，它们是南池子（南池子历史文化街区）、玉河（南锣鼓巷历史文化街区）、三眼井（景山八片历史文化街区）、白塔寺（阜成门内大街历史文化街区）、烟袋斜街（什刹海历史文化街区）、前门（鲜鱼口历史文化街区）、大栅栏（大栅栏历史文化街区）。

---

28. 汪光焘：《北京历史文化名城的保护与发展》，五洲传播出版社，2005。
29. 边兰春：《北京旧城整体性城市设计》，博士学位论文，清华大学建筑学院，2010，第61页。
30. 清华大学建筑学院：《北京旧城保护研究报告》，2009，第33页。
31. 北京市人民政府：《北京市人民政府关于北京旧城历史文化保护区内房屋修缮和改建的有关规定（试行）的批复》，2001。

北京市人民政府批准《关于北京旧城历史文化保护区内房屋修缮和改建的有关规定》于2001年12月1日正式施行，要求国土房管局、规划委、建委、东城区政府共同在南池子、北池子历史文化街区进行房屋修缮和改建工作试点，并且要求"注意总结经验，为今后在全市范围推广做好准备""按院落和基本风貌确定修缮和改建方案""鼓励公房住户购买现住房。同时鼓励居民外迁，适当疏散保护区人口"[32]。2001年至2002年，南池子历史文化街区中先后实施了菖蒲河公园建设及其周边地区的改造、普度寺腾退修缮及其周边居住片区的改造[33]。

与南池子试点在时间上相对应的是什刹海历史文化街区的烟袋斜街整治。1999年，西城区人民政府与清华大学建筑学院合作，开始烟袋斜街的研究工作。同时，什刹海风景区管理处开始组织拆除沿街加建，并进行基础设施的改善工作。至2002年，烟袋斜街的基础设施完善和沿街环境整治工作基本完成，烟袋斜街商业街采取了与南池子不同的实施策略，通过基础设施的完善，带动了居民和社会资本积极参与[34]。在烟袋斜街地区大小石碑胡同，则采取了小规模的、基于居民意愿的、外迁与平移或者留住结合的改善方式，标志着小规模渐进式有机更新实施方法的形成。

(2) 奥运会前的行动

2003年，在确定第二批的6个试点之后，东城、西城、崇文、宣武四区都积极行动起来。在2008年北京奥运会前的保护更新行动，分别以南锣鼓巷、什刹海、鲜鱼口（前门大街）和大栅栏最具代表性，它们分布在中轴线的东西两侧，正阳门外和钟鼓楼下。

在中轴线南段，进行了前门大街拓宽改造，将前门大街改造为步行街后，为了缓解交通压力，在东西两侧分别拓宽建设了煤市街和前门东路。前门大街以

---

32. 北京市人民政府：《北京市人民政府关于北京旧城历史文化保护区内房屋修缮和改建的有关规定（试行）的批复》，2001。

33. 汪光焘：《北京历史文化名城的保护与发展》，第138页。

34. 边兰春：《北京旧城整体性城市设计》，第249页。

东的鲜鱼口地区进行了集中连片的人口疏解，其中鲜鱼口街两侧区域进行了集中连片的更新改造。前门大街以西的大栅栏地区，则进行了大栅栏街、大栅栏西街、煤市街等片区的腾退、整治和更新（图1.3、图1.4）。

图1.3　2002年前门地区影像图

图片来源：谷歌影像。

图1.4　2008年前门地区影像图

图片来源：谷歌影像。

在中轴线北段，烟袋斜街地区延续了之前工作，持续进行了烟袋斜街商业街、大小石碑胡同片区的整治；在什刹海环湖地区分散地进行了荷花市场、火神庙周边、前海三角地、后海小公园、西海雨来散等公共空间的整治。南锣鼓巷地区则把重点放在商业街的环境整治和业态管控方面，以院落腾退带动街巷风貌提升和沿街商业转型。同时，玉河故道的腾退和整治项目也开始启动。

2003年至2008年，是历史文化街区保护理念和保护实践多元化探索的阶段，以鲜鱼口、大栅栏、什刹海、南锣鼓巷等地区的实践最具有代表性和影响力，这四个地区实践探索所持的基本理念，采取的人口外迁方式和建筑保护更新方式，以及商业引导和公共财政使用方向等方面的探索，持续影响至今。

虽然这一时期重点实施的区域与2003年公布的6个试点相对应，三眼井、白塔寺两处试点的行动不太突出，而玉河、烟袋斜街、前门、大栅栏等四处试点所在的历史文化街区都实施了影响力比较大的空间行动，其中一些街区的实施范围和投入强度明显超过了"试点"的范畴。在鲜鱼口地区，进行了整体的人口外迁，在大栅栏地区的煤市街及煤东片区（今北京坊所在片区）也进行了集中连片的外迁腾退；而什刹海地区和南锣鼓巷地区则相对更有试点的意味，什刹海烟袋斜街片区、环湖地区和南锣鼓巷沿街的腾退和整治规模相对偏小，从实施范围、实施内容和实施方法看，是在探索小规模渐进式有机更新的实施经验。在上述这些重点区域之外，很多历史文化街区进行了普惠式的改善，影响比较大的包括煤改电工程、排水设施提升和沿街立面整治等。

回顾2003年至2008年的保护实践，东城、西城、崇文、宣武四区采取了不同的保护理念和实施策略。如果按照起初的计划，以6个"试点"探索北京老城保护的适宜方法，这种差别化的理念和实施探索显然是有益的，但后来出现的一些问题值得反思。

一是在探索适宜路径的试点阶段，局部地区采取了全面铺开的实施方式，在鲜鱼口、大栅栏局部片区的实施规模，显然已经超出试点探索的初衷。二是在若干片区进行了实践探索之后，并未及时进行总结和反思，既没有明确应当推广和完善的优秀经验，也没有明确需要反思和检讨的实践教训，以致2008年至今的十余年间，依然在不断地"试点"，一致性的基本价值观和原则并没有建立。三是在若干片区投入巨大，在比较长的时期内形成了"试点片区投入远超其他片区"的惯性思维，这种进行点状的、失衡的、注重一步到位、"精彩亮相"的公共投入思路，导致了历史文化街区内部保护状况的持续两极分化，其中大部分地区长期处于投入不足、保护状况堪忧的境地。

（3）新一轮的探索

2008年至今，相对于21世纪最初几年的行动，从某种意义上说是新一轮的探索，这一时期的行动既延续了前一阶段的很多实际项目，又呈现出很多新的特点。

2008年至2010年的三年间，似乎可以用"后奥运时期"来形容历史文化街区。在中轴线北段，什刹海环湖地区和南锣鼓巷的商业街成为旅游和游憩的好去处，转而要应对汹涌游客带来的新问题，玉河工程正式开工[35]，菊儿胡同社区开始了"公众参与"的探索[36]，孕育了其后这十多年历史文化街区的社区治理热潮；在中轴线南段，前门大街熙熙攘攘，旁边鲜鱼口商业街正在紧锣密鼓施工，在鲜鱼口商业街对面，北京坊所在的廊房头条也早已腾空退净，正在准备迎接北京坊的"新生"。

2011年至2016年期间，历史文化街区的新探索繁盛，申请式和参与式的实践涌现出来。大栅栏地区的杨梅竹斜街以"家庭申请式"的方式进行腾退外迁，并且很积极地引入时尚的店铺和人群[37]（图1.5）；随后，什刹海、白塔寺片区也以"院落申请式"的方式进行了外迁腾退[38]，试图探索院落改造利用的新方式（图1.6）；南锣鼓巷的玉河沿线揭开了面纱，其后玉河旁边福祥社区四条胡同里也开展了申请式改善[39]。历史文化街区中的公众参与潮流日益受到关注，史家胡同的行动扩大了东四片区的影响[40]。与公众参与相映成趣的是小微公共空间改造，因为见效快、投资少、在"公众参与"的同时，又可以回避棘手的居住问

35.《2009年北京市东城区人民政府工作报告》《2009年北京市西城区人民政府工作报告》。
36. 喻涛：《北京旧城历史文化街区可持续复兴的"公共参与"对策研究》，硕士学位论文，清华大学建筑学院，2013。
37. 贾蓉：《大栅栏更新计划——城市核心区有机更新模式》，《北京规划建设》2014年第6期，第98—104页。
38.《2015年北京市西城区人民政府工作报告》。
39.《2016年北京市东城区人民政府工作报告》。
40. 赵幸：《生根发芽——东四南历史文化街区规划公众参与及社区营造》，《人类居住》2018年第2期，第34—37页。

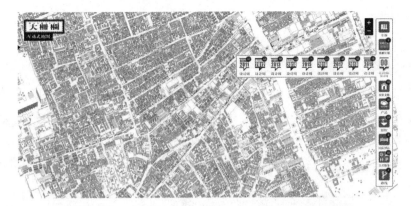

图1.5 大栅栏互动地图

图片来源: www.dashilar.com.cn。

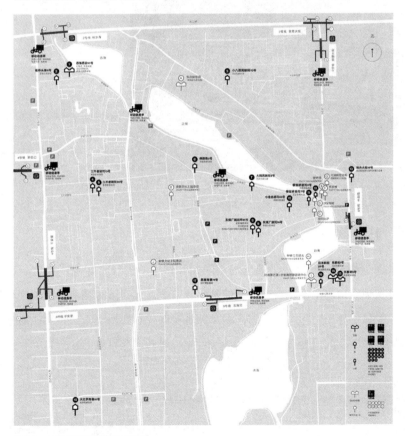

图1.6 什刹海国际设计周导览图

图片来源: http://yjsch.uedmagazine.net。

题，这类"微更新"[41]实践迅速地铺开了。

2017年，《北京城市总体规划（2016年—2035年）》发布，北京老城的历史文化街区保护工作愈发受到重视，新一轮的行动中，开展环境整治的街巷胡同纷纷"精彩亮相"[42]（图1.7），利用腾退房屋探索的"共生院"[43]陆续开工，试图描绘新居民、新群体、新功能和本地居民在一个院落中和谐共处的美好愿景。居民腾退外迁的策略也有了新探索，申请式腾退、申请式改善、申请式退租的试点[44]接连不断。但是，最艰巨的难题依然是居住困难问题；症结，依然在院落之中。

图1.7 整治后的崇雍大街

图片来源：《天地之间：崇雍大街街道景观提升设计》，规划中国微信公众号。

1.5 十字路口

北京老城的演变过程是社会和空间相互作用的表现，客观审视这一过程，是辩证认识当前历史文化街区问题的基础和前提。元明清时期，封建制度和皇权对北京老城整体空间形态演化发挥着至关重要的控制作用，人口和功能的分布也对不同地区的空间演变有明显影响。20世纪上半叶，北京城的社会结构和城市空

41. 冯斐菲：《北京历史街区微更新实践探讨》，《上海城市规划》2016年第5期，第26—30页。
42. 《2017年北京市政府工作报告》。
43. 吴晨：《老城历史街区保护更新与复兴视角下的共生院理念探讨——北京东城南锣鼓巷雨儿胡同修缮整治规划与设计》，《北京规划建设》2021年第6期，第179—186页。
44. 《2020年北京市政府工作报告》。

间形态发生着时代性的改变，虽然受政治军事影响和经济条件制约，北京城没有进行大规模城市改造，但以皇权为中心的空间模式向以市民社会为中心的模式逐步转变，使馆区、正阳门地区、香厂地区，尤其是城市公园，都发生了标志性的空间变革。

中华人民共和国成立至今七十余年，相对于北京老城的62.5平方公里，北京市中心城区的建设规模已接近1400平方公里[45]。老城的功能在几十年中不断叠加，功能过度集中客观上造成了人流、交通流的超负荷聚集，大大增加了老城空间范围内的人口总量。数百年间相对缓慢的城市形态演化进程在20世纪最后几十年发生了巨大变化。

北京自1950年都市计划委员会成立至今，由市政府正式组织编制的城市总体规划共有1953年、1957年、1958年、1982年、1992年、2004年、2016年等7个版本，其中正式批复的有4个[46]。此外，20世纪60年代进行了一系列的旧城改建规划方案研究，1973年版总体规划是在10余年的城市建设经验上对1958年版总体规划的修订，上报北京市委后未予讨论。

1953年版的总体规划明确中央机关安排在老城。在老城保留什么，保留多少的问题上，实际上倾向于改造和拆除多一点，而且重点强调保护的只是"古代遗留下来的建筑物"，具有一定的时代局限性。

1958年版的总体规划相比1954年版有了改变，明确了老城保持方格网的传统街巷格局，但依然是偏向改造和更新的，规划提出从1958年开始，用10年时间完成老城改建，每年拆除100万平方米左右旧房，新建200万平方米新房，但由于三年困难时期和"文革"十年动乱的影响，老城改建的设想未能实现。

1982年，国务院公布了我国首批24个国家历史文化名城，北京名列榜首，对北京老城保护产生了重大影响。1982年版总体规划中，调整了"10

45.《北京城市总体规划（2016年—2035年）》，2017。

46. 和朝东、石晓冬、赵峰，等：《北京城市总体规划演变与总体规划编制创新》，《城市规划》2014年第10期，第28—34页。

年完成旧城改建"的思路，提出逐步改建的方针，但同时依然延续了改建老城的思路，提出若干改建重点地区，并预计老城规划人口120万人[47]。

1990年，《中华人民共和国城市规划法》正式实施。同年，北京市政府公布第一批历史文化保护区名单，包括国子监街、南锣鼓巷、西四北、什刹海、陟山门街、牛街、琉璃厂、东栅栏、景山前街、景山后街、景山东街、景山西街、南长街、北长街、南池子、北池子、东交民巷等。历史文化名城保护规划被纳入《北京城市总体规划（1991年—2010年）》（即1992年版总体规划）。此时，历史文化保护区的范围并未最终确定。资料显示，当时的历史文化保护区初定范围仍较小，不少历史文化保护区在北京老城整体格局中来看，属于小斑块状地分布。在1992年版的总体规划中，明确了北京历史文化名城保护中市域和市中心区两大部分，明确了历史文化名城—历史文化保护区—文物保护单位三个层次的要求，并提出十条措施[48]，这些成为延续至今并不断完善的基本共识。

牛街是20世纪末值得关注的历史片区。1997年牛街危改一期工程启动，采取的是大规模拆除更新方式。至1999年公布了第一批25片历史文化保护区范围时，牛街不再列入名单。2000年，牛街危改二期工程启动，传统肌理基本消失殆尽。2002年，由北京市政府批复了第一批25片历史文化保护区的保护规划，这一年《北京历史文化名城保护规划》也得到批复，而且又进一步增划了5片历史文化保护区，北京老城历史文化保护区增至30片[49]，占地面积达到1666公顷。

《北京城市总体规划（2004年—2020年）》是北京老城历史文化保护工作的转折，在这版规划中，北京老城整体保护"十个重点"已经阐释得比较充分，明确了停止大拆大建和积极疏散人口的基本策略，新增了3片历史文化街区，扩大了一些历史文化街区的范围。更重要的是，这版规划开始专篇论述历史文化名城保护的保障机制，从法规政策、行政管理到专家

47.《北京城市建设总体规划方案》，1982。
48.《北京城市总体规划（1991年—2010年）》，1992。
49.《北京历史文化名城保护规划》，2002。

论证、公众参与，都在建设保障机制的范围之内[50]。

2017年公布的《北京城市总体规划（2016年—2035年）》进一步提出"构建四个层次、两大重点区域、三条文化带、九个方面的历史文化名城保护体系"，其中老城是两大重点区域之一。相比而言，这一版规划对老城十个保护要点的描绘更加清晰和具体，对于需要完善的保护实施机制也有了明确的内容，在比较宏观的尺度上，基本解决了"保什么"和"怎么保"这两个突出问题[51]。

2003年之后，历史文化街区的整体空间形态基本进入相对稳定的阶段，然而在多重功能聚集和高密度居住的综合影响下，历史文化街区保护问题更加复杂。当下的历史文化街区，既不同于中华人民共和国成立之初的百废待兴，也没有北京城市迅速建设时期的急切需求，经历了20余年的探索和演化之后，呈现出一种复杂的、混合的、分化的情景。

从总体看，历史文化街区中的房屋和院落两极分化，其中大多数处于较差的一端，普遍较差的同时，历史文化街区还呈现出马赛克状分化的特征。不同片区的腾退、修缮、保护方式和成效各有不同，保护状况的不平衡程度日益加深，分化为"高尚的消费区""拥挤的商业区""高收入家庭的居住片区""贫穷聚集的居住片区"，等等，空间环境的美化与衰败并存，社会隔离加深。大量传统居住地区持续处于自然衰败状态，设施与环境的普惠改善并未促成本质性变化，对于这些片区的整体居住状况、设施环境水平、物质文化遗产保护，仍然没有探索出适宜的改善路径（图1.8）。

对于不同院落，由于各级别文物保护单位和非保护类院落的差别化保护更新方式，不同的产权单位和管理使用主体，以及居民家庭的经济社会条件和意愿诉求差异，院落之间的两极分化情况日益凸显，"妥善保护的文保院落""规制完整的四合院宅院""多户共居的大杂院"比肩而处（图1.9）。少数院落由于

50.《北京城市总体规划（2004年—2020年）》，2005。
51.《北京城市总体规划（2016年—2035年）》，2017。

图1.8 居住院落、居住片区普遍面临的环境衰败问题

图片来源：笔者2021年摄于府学胡同。

图1.9 两处相邻的居住院落

图片来源：笔者2021年摄于箭厂胡同。

文物保护、转让置换、商业发展等原因，进行腾退或者市场销售，成为环境优越的公共设施或私人住房，但更多居住院落仍处于高密度居住状况，住房条件、住房质量和传统风貌都难以得到显著提升。

对于院落内部，家庭居住条件两极分化情况明显，部分家庭在北京市其他地区拥有住房，或者本地住房条件良好，而更多家庭居住条件长期处于困难状况，而且缺乏改善居住条件的经济能力，依赖自建房屋满足基本生活需求。家庭之间的共识基础薄弱，院落公共空间中充斥着空间的博弈，院落内的社会交往日渐消失，居住改善陷入负反馈的循环，院落内部分化为孤立的户间单元。

在这复杂的、混合的、分化的状况之中，最需要关注的是如何有效改善其中最困难的片区、最困难的院落和最困难的家庭的居住状况，这是历史文化街区面临的基础性难题。

1999年是历史文化街区保护的一个十字路口，自此以后三批历史文化街区陆续公布，逐渐确认了历史文化街区的相对完整性，开始反思集中连片的大规模改造方式，并确立有机更新作为共识和基本理念。

> "目前北京的'控规'是保护北京历史文化名城的最后一次机会，'控规'将是城市规划的最后一道防线。这一次的'控规'如果依然控制不住对旧城的一片片蚕食，那就等于是用立法的形式将这种对北京旧城的破坏永久地确定下来了。""正因为如此，在这'十字路口'，我们一切从事北京市规划的同志，我们的决策者，都负有庄严的历史责任，都应当审慎行事。"[52]
>
> ——吴良镛

经过20余年的保护实践，历史文化街区保护状况的差异日益凸显，历史文化街区从面临整体性破坏的威胁，转换成面临两极分化和不平衡的威胁。历史文化街区已经站在又一个十字路口，能否走向均衡保护，问题已经摆在我们面前。

---

52. 吴良镛：《关于北京市旧城区控制性详细规划的几点意见》，《城市规划》1998年第2期，第6—9页。

第二章

杂院：自建房、邻里和诉求

从独门独院，到一院多户，再到杂院，是"四合院"对社会变化的应对，伴随大家庭的解体，若干个小家庭的产生和分化，每个杂院都已经成为颇为复杂的袖珍社区。这里的房屋产权和生活方式沉淀了数十年的政策变革，邻里关系和利益博弈来自近百年的人来人往。在一个平铺的内聚空间中，杂院就如一幅纵切面，展示着北京老城的世纪变迁。

杂院是北京老城中最微观、最有特点、最复杂、面临最多棘手问题却讨论极少的问题。四合院形式本身具有完整而内向的特性，"家族—院落"对应着"社会—空间"，具有整体性和一致性，也是我们在影视剧中常见的四合院生活场景。在20世纪50年代，居住需求增加，社会制度发生重大变革，大规模的住房分配彻底打破了"家族—院落""社会—空间"的一一对应关系。同一工作单位的同事，或者完全互不相识的家庭，被分配进同一个院落内部。又经过一段时间，家庭的经济收入和居住意愿开始分化，一部分居民希望改善院落环境和房屋质量，但由于院落空间和房屋的共有共用，这些居民无法单独行动，院落的空间环境和房屋质量逐渐产生"木桶效应"，共识愈难，共同行动愈难，博弈愈烈，衰败愈难以扭转。

杂院并不都是一个模子刻出来的，"一院多户"有很多种组合方式：有家庭式的共居方式，兄弟姐妹几个家庭共用一个居住院落，这种情况以私房院落居多；有邻里式的共居方式，几户居民已经在同一个居住院落共同居住几十年，这种情况以公房院落和单位产院落居多；有流动式的共居方式，原住家庭人户分离以后，外来人口租赁房屋住在一个院落；而最多的情况，是前述情景并存的混合（图2.1）。

同一院落中的不同家庭：青年夫妻携幼子共同租住的一间房屋 | 同一院落中的不同家庭：公房承租家庭，夫妻常住，子女偶尔前来，有数间卧室和独立卫浴设施

图2.1　同一个院落的外来租户家庭和公房承租家庭的住房内部

图片来源：笔者摄于2014年。

多户共居，再加上基本生活设施缺乏，住房面积不足，房屋日渐老化，院落内部空间挤满了非机动车、自建加建房屋和杂物，就是我们看到的杂院。

2.1 一个家庭的内部差异

H院占地约170平方米，是一处规规整整的小四合院。正房、东西厢房和倒座房共4栋产权房，在产权房之间见缝插针地挤上几间三五平方米的自建房用来当作厨房和厕所，也并没有太多占用院子。产权房都是青砖灰瓦，自建房的外观也还算整洁。院子正中间搭着简易的花架，大大小小的花盆坐在上面，花架上空斜斜地爬着小片的葡萄藤。每个房檐下都零散地堆放着边角料和一些不舍得扔掉的杂物，晾衣绳从檐下穿出，接到邻着的或对面的檐下面，在院子上空和电线、网线编织到一起。

H院是私房，上一代的父母已故，院子就由姐弟4人继承，年龄最大的大姐刚退休不久，算起来应该是20世纪50年代出生。这处院子从几十年前的一个家庭，已经演化成为大姐、二姐、三姐和四弟等四个家庭共有的家族院落（表2.1，图2.2）。

表2.1　H院的状况

实际居住家庭	A（大姐）家庭	D（四弟）家庭	X（租户）家庭	Y（租户）家庭
产权归属	A（大姐）家庭	D（四弟）家庭	B（二姐）家庭	C（三姐）家庭
房屋面积（m²）	49	42	12	10
居住形式	自住2人	自住3人	租户2人	租户2人
人均住房面积（m²）	24.5	14	6	5
厨房	独立且精装修	厨浴合一	简易灶台	仅有电饭煲
卫生间	独立卫浴	无	无	无
浴间	独立卫浴	厨浴合一	无	无
室内生活环境	良	中	差	差
院落空间占有	院落北侧	院落南侧	西厢房檐下	东厢房檐下
职业特征	夫妻领取退休金	均无业	临时务工	临时务工
经济状况自我评价	良好	中下	中下	中下

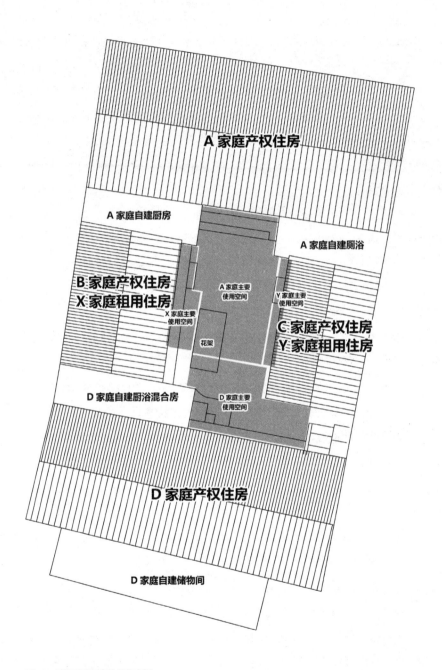

图2.2　H院不同家庭的居住空间

图片来源：笔者根据实地调查绘制。

大姐家住在正房，夫妻二人，有一女，已出嫁。正房被隔成三间，居中是起居室，两旁分别是卧室和客房，客房是留给女儿回家短住，在正房和东西厢房的搭接处则有两小间自建房。夫妻二人在没退休前，都是大企业的职工，大体处于中上的收入水平，加上是喜欢干净的性格，正房中的起居室、卧室和客房看起来都颇为整洁。一间自建房里是新请人安装的整体厨房，厨具和家电能照出影儿来（图2.3）；另一间自建房是浴间，有马桶，洗衣机也放在里面。大姐说："都挺舒服的，只是通往胡同的下水管道有点不好用，马桶用着不太放心。"

　　相比之下，四弟家就略显局促。夫妻两人与岳母同住在倒座房，孩子已经搬出去了，倒座房分成两间，中间用两组衣柜隔开，夫妻两人住在里间，外间既是起居室又是岳母的住处。在倒座房和西厢房之间，有一间自建房，是厨房，也是夏天临时冲凉的地方；这样，另一间搭在倒座房临街朝外方向的自建房，就能够放下缝纫机，储存一些物料，当作做些缝纫生意的地方。虽然居住环境有方方面面的不如意，但由于夫妻二人的收入并不高，当谈到翻修的时候，就有些犹豫。

　　东西厢房分属二姐和三姐两家，这两家应该是条件最优渥的，早早地就出国定居，许久才会回来一趟，房子就交给大姐打理，大姐把两间厢房租了出去，一间房每个月大约有不到2000元的租金，能够用于房子的日常维护。

　　西厢房的租客是一对年轻夫妻，孩子留在老家，两人在附近打工，租住在这儿已经有几年了，孩子和家里的老人偶尔也会过来，但略住几天就得返回老家去，毕竟10余平方米的一间厢房没办法容纳太多人。房檐下立着一个摇摇欲坠的木桌子，下面放着燃气罐，上面是灶，锅碗瓢勺放在屋里，就是简易的厨房（图2.4）。厕所和浴间肯定是没有了，院门外右拐不远处有一处公厕，是大多数住户早晨起来的必去之处，公共浴室更要远一点，隔着一条胡同。

　　东厢房的租客是一对年轻情侣，刚毕业不久。和对面青年夫妻不同，他们自己不做饭，也就免了啰里啰唆的厨房用品。檐下扯着一根旧电线，手洗的衣服晾在这里；假如要晾晒被褥或者冬季的衣服，那就得借用大姐扯在院子里的另一根晾衣绳。

图2.3 A家庭利用自建房布置的厨房
图片来源：笔者摄于2016年。

图2.4 X家庭的室外简易厨具
图片来源：笔者摄于2016年。

在院子里，大姐家经常在北半边待着，晾晒、种花、扫地，四弟则在南边一小片，大概以院落中间的花架作为一个模糊的边界，除非有特别的事情，互相不太会走到对方的门前去。这并非是因为家庭之间有罅隙，而更像是存在一条隐形的使用边界，彼此默契地共处（图2.5）。两个租客家庭，因为租金是大姐代收，日常的生活事务也是跟大姐联系，所以同大姐家庭的交往更多一些，同四弟家庭则不会有过多交流。

几次家庭之间的讨论中，在政府和各个家庭共同投入的前提条件下，大姐希望把排水、屋顶翻修、地砖翻新等问题都解决掉，而四弟家则更愿意保持现状，不愿意额外增加支出，两家虽然稳定地长期共住，但并不容易达成一致（图2.6）。在院落空间中，各个家庭都默契地愿意保持原有的、潜在的分界线。

图2.5　H院院落内景

图片来源：笔者摄于2016年。

图2.6　H院经过几次讨论形成的合作改善意见，但出资问题并未形成一致意见

图片来源：H院居民填写。

　　大姐与四弟两个家庭，住房面积有一些差异，居住人数也不同，人均实际住房面积分别是24.5平方米和14平方米，有比较明显的差别；两个租客家庭的人均实际住房面积则分别只有5平方米和6平方米；二姐、三姐家庭的人均实际住房面积虽然无法调查，但显然远高于居住在院落内的所有家庭，因此跟H院存在密切关联的6个家庭，人均实际住房面积的差别非常明显，相应的厨、厕、浴设施

条件也大相径庭。同时，邻里关系既有亲戚关系，又有房东租客关系，租客与大姐、四弟家庭的关系又有所不同。最后，由于对居住环境的要求，以及承担居住改善的经济能力不同，每个家庭对于改善居住环境的诉求也各有差别。

H院可以看作一种院落内部分化的原型，一个规模极小、关系极简单的院落内部，表现出了明显的住房条件、邻里关系与意愿诉求的差异。

2.2 一处大院的过滤和重构

Y院位于南锣鼓巷地区，占地约1460平方米，是一处三进的大院子，其中产权住房面积约760平方米，45间（大致可以归为8栋），绝大部分建成于1949年前；自建房约400平方米，39间，大部分建于20世纪70年代之前（图2.7）。

Y院的院门是如意门，从胡同看过去，与旁边的院子大体相似，很难察觉院子里拥塞着如此多的房屋和住户，八十多间大大小小的房子将院落挤得满满当当，虽然大部分产权房屋仍然保存着原始格局，也基本保留了传统风貌，但房屋质量普遍挺差，自建房的质量和风貌则更差，房屋的四下都停着自行车、三轮车，堆着难以归类的杂物，竭尽所能利用一切空间，院落中基本没有转圈的空间，除了几棵树下的空档之外，仅余宽约1米的过道，能通往各家的户门（图2.8）。从产权房屋和自建房的位置关系，依稀能够辨识原来的院落空间，老住户曾展示过从老箱子里翻出的一张老照片，照片里的院子还不像现今般拥挤（图2.9）。

Y院是区属直管公房，登记住户35户，分布在45间产权房屋和39间自建房中，户籍人口110人（图2.10）。根据2014年的调查，当时实际居住的户籍家庭有22户，实际居住的户籍人口62人；另有14户家庭住房空置、出租或出借（据调查应是2户空置，2户出借，10户出租，其中一个户籍家庭仍在居住，仅出租一间自建房），在出租出借的住房中，实际居住外来人口20人，这样整个Y院中实际居住的人口一共有82人，是一个典型的"大杂院"（图2.11）。这个"大杂院"是逐渐形成的，其百年变迁可谓北京老城演进的一个缩影。

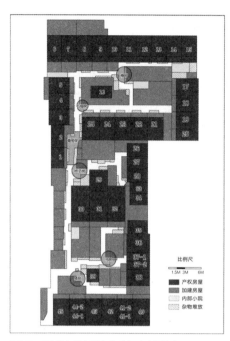

图2.7 Y院落产权房屋与自建加建房屋分布

图片来源：笔者自绘。

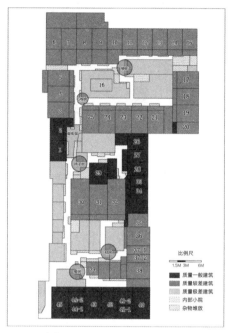

图2.8 Y院落建筑质量风貌评价

图片来源：笔者自绘。

图2.9 20世纪70年代Y院中的合影

图片来源：受访者供图。

家庭6

家庭5 (空置) 家庭6 家庭6 家庭7 (出租) 家庭8 (出租) 家庭9 (出租) 家庭10 家庭11 (空置)

椿树 家庭9 (出租) 家庭10

家庭4 (出租) 家庭13 家庭13

家庭12 家庭18 家庭17 (出租) 家庭14

家庭3 (出租) 家庭19 (借住)

石榴树 家庭15

家庭2 (出租)

家庭21 家庭20 家庭19 (借住) 家庭18 家庭17 (出租) 家庭16 (出租)

家庭1 葡萄架

家庭22 家庭23 家庭23

家庭1 家庭24

柿子树 家庭25 家庭25 家庭24

家庭23 家庭29

家庭26 家庭27 家庭28 (出租) 家庭29

家庭23 (出租)

家庭29

家庭29 家庭26 家庭27 家庭28 (出租) 家庭30 (借住)

家庭29

家庭35 枯树

椿树 家庭34

家庭35 家庭33 家庭31 家庭31

家庭32

家庭35 家庭35 家庭33

家庭35 家庭34 家庭33 家庭32

家庭34 家庭32

比例尺

1.5M 3M 6M

产权房屋
加建房屋
内部小院
杂物堆放

2.10　Y院落家庭分布情况

图片来源：笔者自绘。

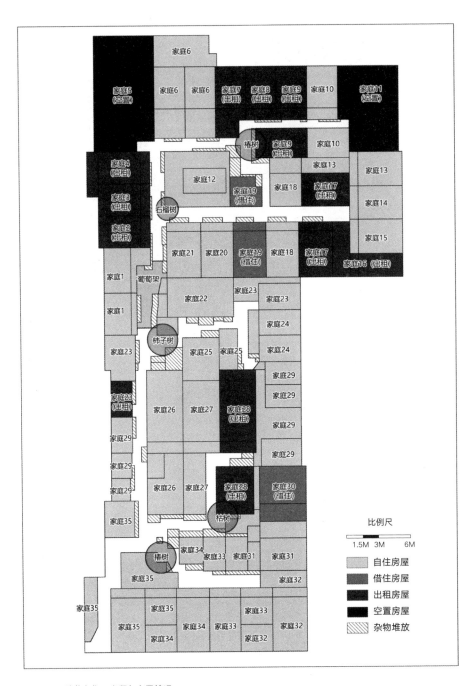

图2.11 Y院落自住、出租与空置情况

图片来源：笔者自绘。

据几位年龄最长的老人（其年龄最长者生于中华人民共和国成立初期）口述，以及少量的老照片佐证，应是在清末或民国期间，Y院成为王氏的私宅。

1949年后，王氏家庭上交了房屋产权，院落产权变更为区属直管公房。在房屋重新分配过程中，王氏家庭保留了5间房屋用作居住，这些房屋的承租权继承至今；其他房屋分配给北京市某局作为职工宿舍，房屋进行了隔断处理，划分为面积相似的若干"间"，第一批青年职工迁来至此，是Y院落成为直管公房后的第一代承租人。院落的分户格局在这个时期基本成型，成为一个袖珍的社区。

由于正房、厢房、倒座房的进深并不相同，初迁来的家庭结构也不尽相同，有单身者、夫妻二人者，也有带孩子的小家庭，因此房屋的分配并非完全均等。分配在最南侧倒座房的家庭住房均是"一间半"，分配在正房、厢房的往往是"一间"，"间"的面积也不尽相同，大致每个家庭的住房面积在12平方米至20平方米之间。

十多平方米的住房显然不足以满足一个家庭的基本生活需求，应是在单位统一组织下，20世纪50年代，各个家庭一起采用"接推"的方式增加了房屋进深，一般是在房屋檐下向外接出0.3米至1米不等的空间，略略扩大了住房面积。

20世纪60年代发生的变动并不明显，有几个家庭新生了孩子（现约50岁至60岁之间），或者孩子长大需要分房睡（现约60岁至70岁之间），将房子向外多接出一些，大约两三米的样子，这样就能多出一小间卧室来。

20世纪70年代中后期，第一代承租人的新生孩子年龄渐长，而且长时间居住时，厨房也总是需要的，"加间房子，无论大小"，是难以避免的需求。这并非Y院落的个例，住房紧张是这一时期北京城亟须解决的普遍问题，而当时的财力物力又难以支撑城市的向外扩张，因此主要的政策导向是鼓励"见缝插针"地增加住房面积。有内在需要，有政策鼓励，Y院落中自建房的规模迅速增加。与初期的"接推"方式有所区别，这一时期自建房往往在产权住房的"旁边"，与产权住房脱开，中间留下宽约1米的过道，因此需要大量占用院落的空间。自建房或当作厨房，或作为子女的卧房，在当时极大地缓解了实际困难。

20世纪80年代的变化大致能分作两段，前半段是延续了前一时期的自建房屋特点，Y院落的三进院落空间基本完全挤满，35个家庭中有27家（或28家）至少增加了一间自建房，剩余的七八家，应是实在寻不到地方建房了，也就此作罢，其中的确切缘由和博弈过程已经难以厘清。从空间上推断，没有自建房的家庭全部集中在第三进院子的西侧，而第三进院子恰好是"户数最多而户均可挤占面积最少的地方"，或许恰是因为这一空间的影响，导致这剩余的七八家没有拓出来的自建房。20世纪80年代的后半段，出现了比较多的迁出置入和人户分离的情况，至少有4个第一代承租家庭迁出（迁出原因没有准确的考据），随后房管部门分配4个新的家庭置入进来。这些新家庭的来源多样，有的原本就住在附近，因为街道拓宽腾退房屋而搬迁至此；有的因工作调动进京，分配住房至此。这些新的家庭称呼原本就住在Y院落里的家庭是"老户"。另外，还有至少两个家庭搬到其他住处，但保留住了房屋的承租权（这与前面彻底迁出的4户不同），基本很少在院里居住了，房子常常锁着门，也并没有出租。

20世纪七八十年代的自建房、迁出置入和人户分离，是影响Y院落的三大变化。其一，"挤占"院落的自建房方式，与"接推"大不相同，规模显然更大，对空间格局的影响是颠覆式的，向内开放的院落空间变成了夹道，自建房成为一种空间权益，从此之后的数十年间，再也难以让人心甘情愿地拆掉，Y院落不再是空间意义的四合院，围绕院落展开的居住空间序列已经破碎；其二，家庭的迁出置入，打破了20世纪50年代形成的"院落社区"关系，似乎正是暗合着单位制的解体，新置入的家庭不再来自"同一单位"的住房分配，围绕单位展开的社会联系断裂开来；其三，人户分离现象的出现，为其后的房屋出租出借和外来人口置入埋下了伏笔。这三个变化，标志着Y院落内部复杂而持续的分化已具雏形。

20世纪90年代，有3个家庭把一层的住房翻建成了二层，而且得到了产权认证，这也是迄今为止Y院落中的所有二层房屋，其中两户是王氏（原院落房主）的儿子，一户是新迁入的来京家庭。王氏有三个儿子，分别继承了一两间产权住房，其中两子又各有一子，向院落中拓展自建房已无空间，索性就把原来的坡屋顶拆掉，向上加了一层；另一户新迁入的家庭，是夫妻和一子一女，趁搬家的时候，也学着王家兄弟，把房屋翻建成了二层。这一时期，北京城市向外扩张开始加快，Y院里长大的第一批孩子大多在三四十岁之间，成家之后纷纷搬出院子，搬进城市向外新建的小区，有十多个家庭举家迁出，也有一些家庭是子女迁出，父母留恋院子或不喜欢和子女同住而留了下来。

其后，人户分离和转租转借，成为Y院落的关键词。人户分离家庭开始出租出借住房，仅子女迁出的家庭，由于自建房空闲出来，也乐于向外出租。对于Y院落来说，解决中华人民共和国成立初期居住困难的第一个阶段尚未结束，又迎来了解决外来人口在京居住问题的第二个阶段。

1999年，南锣鼓巷第一家酒吧开业，应是得益于中央戏剧学院和周边涉外的新派人员聚集，酒吧迅速蓬勃起来，吸引了更多年轻人来猎奇，年轻人的聚集带动了更多年轻人的生意，各种"创意小店"在南锣鼓巷沿街蔓延。显然，这样的口味符合西方审美的中国印象，《时代周刊》把南锣鼓巷列为了"亚洲25处必去地方"之一，成为游览北京胡同的代表，时常人头攒动。经济活动的增加，需要更多的从业者，餐馆、饮品店、纪念品商店，都给年轻人提供了岗位，他们住在哪儿呢？很多Y院中空闲出来的自建房就是最优的选择，便利且便宜。单身青年能够承担得起租金，青年夫妻能够起灶做饭而不必与陌生人合租，即使带着幼子或父母，也能够排布得开。新居民的生活景象，像极了50年前的第一代承租户，初到北京，立下安身之处（图2.12）。

2015年，Y院落所在的片区启动了以家庭为单位的"申请式改善"计划，北京市也启动了公房转租转借清理行动，延续20余年的转租转借现象不再被默许。院里不少家庭提交申请换了新房，也有一些家庭留了下来，往往是因为补偿条件谈不拢，例如"家里三代人，在这里有两间自建房能住得下，换成两居室住不下"。迁走家庭的自建房随即被拆掉，把空间还给了院子，地上还留着自建房的地基痕迹，从20世纪50年代迁入，到2016年迁出，大约60年时间的一个轮回，Y院落仿佛回到了原点（图2.13～图2.17）。

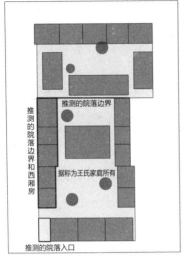

1949年以前

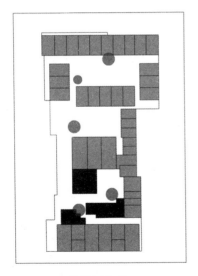

20世纪50年代

20世纪60年代

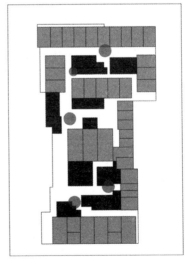

20世纪70年代

图2.12　Y院的演进过程

图片来源：笔者自绘。

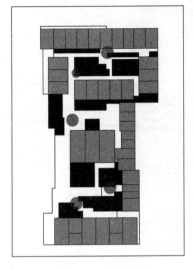

20世纪80年代

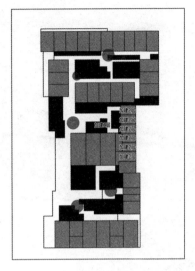

20世纪90年代

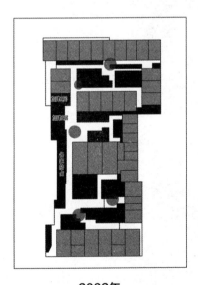

2002年

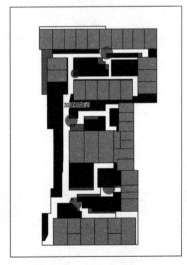

2014年

图2.13 腾退整治之前Y院落前院
的过道

图片来源：笔者摄于2014年。

图2.14 腾退整治之后Y院落前院
的过道

图片来源：笔者摄于2022年。

图2.15 腾退整治之前挤满自建房
的Y院落前院

图片来源：笔者摄于2014年。

图2.16　腾退之后的Y院落前院，部分居民迁出并拆除自建房，地上可见遗留的地砖

图片来源：笔者摄于2018年。

图2.17　整治以后的Y院落前院

图片来源：笔者摄于2022年。

假如把时间定格在2015年居民没有迁出之前，Y院在60年时间里逐渐形成了一个家庭居住时间、住房面积、住房质量各异，经济条件、社会地位、家庭结构各异，居住满意度、修缮意愿、外迁意愿各异的"大杂院"（图2.18～图2.19）。也可以看出，我们常说的大杂院之"杂"，有空间的含义，院落中住房质量风貌虽然整体处于衰败状态，但在居民自发的维修使用下，每栋每间又各有不同，每个家庭对院落公共空间的挤占方式也各不相同，空间形态各异；有社会的含义，院落中既有三代同屋拥挤不堪的状态，也有一人独居空间宽绰的状况，同时，有14户外来家庭租住其中，显然，家庭经济社会条件不同，居民

对参与改善或者外迁的诉求就全然不同；有时间的含义，自中华人民共和国成立，院落中的居民几经置入、增殖、置换、迁出、租住，家庭居住时间自三五年至七十余年不等，在持续的空间生产和社会再生产过程中，空间规则、邻里关系、居住习惯等日益复杂。

图2.18　Y院某户内景1
图片来源：笔者摄于2014年。

图2.19　Y院某户内景2
图片来源：笔者摄于2014年。

2.3 两个社区的住房、邻里和诉求

北京老城历史文化街区不只是青砖灰瓦的四合院，更是这种特定的空间形式下，历经数十年形成的"院落社会"。几户或几十户家庭，因着血缘、职业或者机缘巧合，生活在一个封闭内向的环境中，在社会发展和自我意愿共同牵引下，共同塑造着一个微观的、物质的和精神的空间；数十个或者数百个院落聚在一起，虽然有着产权、风貌、居住条件的差异，却构筑了具有符号意义的胡同片区；当外力施加于这些胡同片区，推着它们向不同方向进化，它们又展现出极强的弹性和包容性。这种独特现象包含了社会与空间要素中的很多维度，其中最具特点的要素是住房条件、邻里关系和意愿诉求。

为了观察这些微观而复合的问题，文中选择了北京传统中轴线两侧的两个社区作为案例——福祥社区（南锣鼓巷历史文化街区）和白米社区（什刹海历史文化街区）。

福祥社区位于南锣鼓巷片区，是传统的居住社区，有一些名人故居和行政办公单位，除了2008年北京奥运会前后整治胡同环境之外，福祥社区基本没有实施过大的改造项目，保持了自然演进的居住片区特征。文中关于福祥社区的调查完成于2015年，而在调查结束后的第二年，福祥社区就进行了比较大规模的申请式外迁，发生了很大的变化。在福祥社区的调查中有两组数据比较重要，第一组是对45处居住院落507户家庭的住房条件调查，包括住房产权类型、住房面积、户籍人口、实际居住人口等，主要考察家庭间的住房条件分化；第二组是对13处居住院落288户家庭的问卷调查，包括60项问题，能够更全面地观察家庭住房条件、邻里关系和居住意愿。

白米社区位于什刹海片区，与福祥社区类似，以居住院落为主，有少量的名人故居和商业设施，也具有传统居住片区的自然演进特征（图2.20）。2013年，白米社区实施了以院落为单位的申请式腾退，文中的调查数据同样是来自于腾退政策实施之前。

(1) 住房面积、自建房和厕所

在北京老城，住房条件基本反映了一个家庭的整体经济状况。住房条件是

图2.20　白米社区街景

图片来源：笔者摄于2014年。

一个比较综合的名词，既包含住房面积、住房质量、厨浴厕基本生活设施、室内装修条件、自建房等空间要素，也和家庭结构、家庭收入水平、住房产权形式等经济社会因素密切相关。

其中，家庭人均住房面积是"家庭产权住房面积""家庭规模""是否拥有住房产权或公房承租权""是否拥有市内其他住房""自建房面积"等因素综合起来以后的状况，也基本能够反映家庭收入、厨浴厕基本生活设施等因素。因此，大致可以将"家庭人均住房面积"作为评价历史文化街区家庭住房条件的一个关键指标，通过家庭间人均住房面积差异，可以观察院落内部不同家庭之间的住房条件差异。文中尝试用"住房面积分异度"来表示这种差异，"住房面积分异度=家庭人均住房面积的标准偏差/家庭人均住房面积的均值"，这是一个简单易操作的方法。

调查家庭人均住房面积时，并不容易得到家庭人口（实际居住的）和实际拥有住房（可能并非唯一住房）的可信数据，需要通过不同方式来相互印证。另外，有一部分家庭已经在其他地区购房并迁出居住，院落中的住房空置，实际居住人数为0，本书中将这种情况的人均住房面积按照2018年北京市城镇居民家庭人均住房面积计算，即所有实际居住人数为0的家庭，其家庭人均住房面积按照33.08平方米/人计量[1]，按照这种计量方法测算的住房面积分异度应当是小于实际情况。

人均住房面积有"名义"和"实际"之分，"名义"对应的是"户籍人口"，"实际"对应的是"常住人口"，这样，我们就可以观察到两种差别，一种是户籍家庭之间的住房条件差别，另一种则是实际居住家庭之间的住房条件差别（表2.2～表2.5）。

表2.2　住房面积分异度较小的某院落示例

	建筑面积（m²）	户籍人数（人）	实际居住人数（人）	人均名义住房面积（m²）	人均实际住房面积（m²）
家庭1	15.06	1	2	15.06	7.53
家庭2	30.39	2	2	15.20	15.20
家庭3	42.64	2	5	21.32	8.53
平均值（m²）				17.19	10.42
标准偏差（m²）				3.58	4.17
住房面积分异度				0.21	0.40

表2.3　住房面积分异度较小的某院落示例

	建筑面积（m²）	户籍人数（人）	实际居住人数（人）	人均名义住房面积（m²）	人均实际住房面积（m²）
家庭1	18.14	1	2	18.14	9.07
家庭2	19.38	3	2	6.46	9.69

---

1. 根据《北京统计年鉴2021》的数据，2018年、2019年、2020年北京市城镇家庭人均住房面积分别为33.08平方米、32.54平方米、32.60平方米。

	建筑面积（m²）	户籍人数（人）	实际居住人数（人）	人均名义住房面积（m²）	人均实际住房面积（m²）
家庭3	19.38	1	2	19.38	9.69
家庭4	36.41	6	2	6.07	18.21
家庭5	28.14	3	2	9.38	14.07
家庭6	19.63	3	2	6.54	9.82
家庭7	19.37	2	2	9.69	9.69
家庭8	36.16	5	2	7.23	18.08
家庭9	18.26	4	2	4.57	9.13
家庭10	19.37	1	2	19.37	9.69
家庭11	19.38	1	1	19.38	19.38
家庭12	36.28	3	3	12.09	12.09
家庭13	28.01	4	4	7.00	7.00
家庭14	19.38	4	1	4.85	19.38
家庭15	19.38	4	2	4.85	9.69
家庭16	36.28	4	2	9.07	18.14
家庭17	18.27	1	2	18.27	9.14
家庭18	19.50	2	2	9.75	9.75
家庭19	19.38	2	2	9.69	9.69
家庭20	36.90	6	2	6.15	18.45
家庭21	28.63	5	2	5.73	14.32
家庭22	19.38	4	3	4.85	6.46
家庭23	19.38	1	2	19.38	9.69
家庭24	36.65	1	2	36.65	18.33
平均值（m²）				10.34	12.44
标准偏差（m²）				5.59	5.59
住房面积分异度				0.54	0.35

表2.4　住房面积分异度较大的某院落示例

	建筑面积（m²）	户籍人数（人）	实际居住人数（人）	人均名义住房面积（m²）	人均实际住房面积（m²）
家庭1	19.87	6	2	3.31	9.94
家庭2	25.59	1	2	25.59	12.80
家庭3	39.58	7	1	5.65	39.58
家庭4	9.33	3	1	3.11	9.33
平均值（m²）				9.42	17.91
标准偏差（m²）				10.84	14.53
住房面积分异度				1.15	0.81

表2.5　住房面积分异度较大的某院落示例

	建筑面积（m²）	户籍人数（人）	实际居住人数（人）	人均名义住房面积（m²）	人均实际住房面积（m²）
家庭1	23.94	1	1	23.94	23.94
家庭2	10.11	11	5	0.92	2.02
家庭3	53.2	3	3	17.73	17.73
家庭4	113.05	1	1	113.05	113.05
家庭5	39.9	7	3	5.70	13.30
家庭6	21.945	2	5	10.97	4.39
平均值（m²）				28.72	29.07
标准偏差（m²）				42.13	41.95
住房面积分异度				1.47	1.44

在福祥社区的调查中，如果分别计算每个居住院落的家庭人均名义住房面积分异度，并将45个居住院落的家庭人均名义住房面积分异度进行统计，其中值是0.59，平均值是0.62，最小值是0.21，最大值是1.56。看得出来，户籍家庭住房条件的分化很明显，住房面积分异度较大的居住院落占主要比例。如果以实际居住人口来计算，45个居住院落的家庭人均实际居住面积分异度中值是0.48，平均值是0.51，最低值是0.09，最高值是0.97，这说明在加入了人户分离、亲属投靠、出租出借等因素后，院落的内部差异依然非常突出（表2.6）。

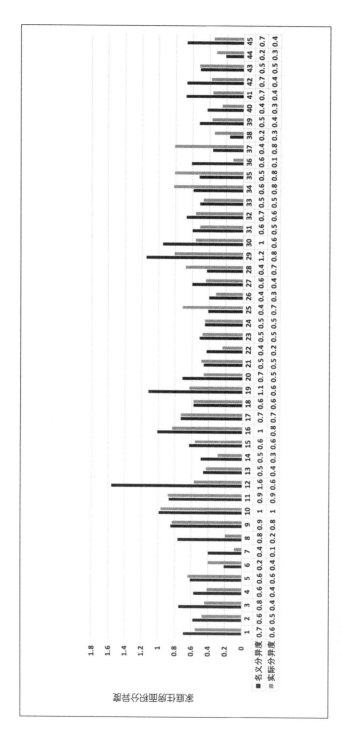

表2.6 45个居住院落的名义住房面积分异度与实际住房面积分异度

数据来源：笔者根据2014年住房调查数据整理。

这45个居住院落的数据源于政府部门的住房调查数据。此外，我们通过问卷方式调查了13个院落288户家庭的住房情况，这13个院落的家庭实际住房面积分异度中值是0.57，平均值是0.68，最低值是0.35，最高值是1.44，问卷调查结果与政府部门的住房调查结果基本一致（表2.7）。

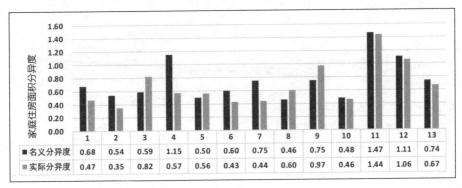

表2.7　13个居住院落的名义住房面积分异度与实际住房面积分异度

数据来源：笔者根据2014年问卷调查数据整理。

考虑到在小规模院落内部计算家庭之间住房面积分异度时，有可能因为单个院落中家庭数量太少而导致住房面积分异度的偶然性比较强，因此将45个院落507户家庭住房面积数据进行了汇总计算。这507户家庭人均名义住房面积的平均值是11.7平方米，中值是8.9平方米，标准偏差是12.7平方米，家庭人均名义住房面积分异度接近1.07；家庭人均实际住房面积的平均值是13.0平方米，中值是9.4平方米，标准偏差是19.9平方米，家庭人均实际住房面积分异度超过1.52。相较于单个院落分别计算的结果，汇总计算的住房面积分异度反而更大，这不仅表示社区内部住房条件分化是真实存在且非常明显，而且暗示院落与院落之间也存在着明显的两极分化。

另一个社区的案例是什刹海白米社区。2015年，社区内户籍人口为2038人，户籍家庭为628个，常住人口为1508人。白米社区的家庭住房面积平均值为31.8平方米，中值为30.2平方米，社区的家庭住房面积分异度为0.96，虽然一半家庭的住房面积大于30平方米（图2.21），比其他社区的居住情况要好一些，但家庭住房面积的分化很严重，如果把每个家庭的住房面积与空间分布结合，则可以明显看到这种两极分化的家庭住房面积在空间上的马赛克状分布（图2.22）。

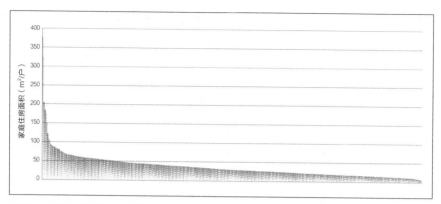

图2.21 白米社区的家庭住房面积分布

数据来源：笔者根据2015年实地调查数据整理。

图2.22 白米社区家庭住房面积空间分布

图片来源：笔者根据2015年实地调查数据绘制。

另外，自建房也是一项与家庭住房面积紧密关联的因素，经过数十年的自建加建，自建房已经普遍承担着住房、厨浴厕设施的功能，数量多、总面积大，是产权住房之外的空间博弈结果，也成为影响住房条件的重要因素（图2.23）。

图2.23　白米社区产权住房和自建房屋的空间分布

图片来源：笔者根据2015年实地调查数据绘制。

前文福祥社区的调查结果主要以家庭人均住房面积来评价，而白米社区的调查结果主要以家庭住房面积来评价，这两个指标虽有关联，但并不相同。家庭人均住房面积反映了微观的实际居住密度以及由此带来的居住舒适度差异，而家庭住房面积差异反映的则是以家庭为单位的住房面积绝对值差异，前者更实际一些，后者更直观一些。例如：白米社区有一半家庭住房面积不足30平方米，这些家庭的住房面积绝对值差异不大，但这些家庭中有的空置或仅有一人居住，有的则居住着三代五六个人，家庭人均住房面积或者说微观居住密度就有很大差别。

　　厕所，在居住院落中也是一个标志性的实际生活条件衡量指标，而且与住房面积的相关性明显，有独立户厕家庭的住房条件往往良好，而使用公厕的家庭，往往住房面积和住房条件较差。根据调查，院落中不同家庭的厕所条件也表现出明显的差异，在福祥社区的问卷调查中，有8个院落中的居民家庭完整填写了关于厕所条件的问题，这些院落中有25个家庭有独立的户厕，有19个家庭共用院落中的公厕，其余的家庭都是使用胡同中的公厕；这25个有独立户厕的家庭，分布在6个院落里，应是家庭住房条件明显偏好的一端（图2.24）。

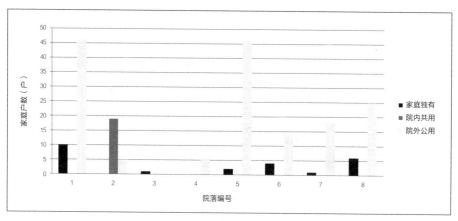

图2.24　福祥社区不同院落中居民家庭的厕所使用方式
图片来源：笔者根据2014年问卷调查数据整理绘制。

（2）杂院的邻里

　　院落是一种独特的内向型居住空间，原型是"家庭—院落"的社会—空间对应关系，内部具有较强的血缘联系。目前，部分私房院落内部仍然保持了血缘联系，但随着家庭小型化，这种联系已经削弱；单位产院落和直管公房院落的居民在初始阶段多是同一单位的职工，在早期存在较为紧密的社会联系或者比较一致的社会地位，但随着单位制解体和社会转型，又经过数十年的家庭迁出与置换演变，院落内部的联系也大多发生了断裂。

在房屋置换、出租、出借等不同类型的演化过程中，新的家庭在不同时期形成或迁入，家庭居住时间的差异各不相同，直接影响着院落内部的邻里关系。根据在白塔寺、南锣鼓巷等地区曾经做过的一些调查结果，家庭居住时间超过10年之后，对院落内其他家庭的邻里认同感开始明显提高，超过20年则基本形成了稳定的邻里认同，这种居住时间带来的邻里认同是潜移默化而根深蒂固的，即使日常交往较少或者存在利益纠纷，往往也不影响这种"邻居"意识的形成。在时间因素之外，户籍情况、住房权属也具有比较明显的影响，本地户籍家庭更容易产生邻里认同，而租住、借住家庭就不太容易能融入这种邻里关系。

目前，院落内部的家庭居住时间和邻里认同存在比较明显的差异，尤其以公房院落最为突出。在福祥社区的调查中，有9个院落中的居民家庭完整填写了关于居住时间的问题，以家庭居住10年、20年、30年、40年、50年作为分界，各个年代迁入的家庭数量大致均匀分布。而具体到每个院落，家庭居住时间的分布则各有不同，有的院落"老户"多，例如：一处院落中迁入40年以上的家庭有6户，只有1户家庭迁入时间少于20年；有的院落"新户"多，在一些院落中，迁入时间少于20年的家庭几乎占一半。每个院落的"新户""老户"比例都各有不同，但总的特点是既没有纯粹的"老户"院落，也没有纯粹的"新户"院落（图2.25）。

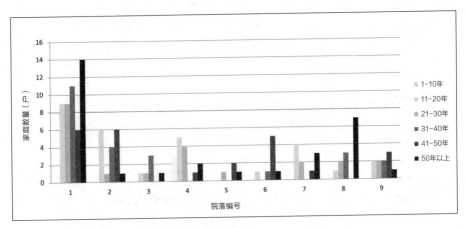

图2.25　福祥社区不同院落中居民家庭在本地居住的时间

图片来源：笔者根据2014年问卷调查数据整理绘制。

院落内部家庭的居住时间不同，对"邻居"的认同就会有明显差异。根据福祥社区的问卷调查，居住时间长的家庭，"每天打招呼的人数"更多，在"同一个院落""同一条胡同""附近胡同"中认识的人数更多，"邻居"的范围逐渐从院落内扩展到一条胡同内，甚至附近胡同。

居住时间与出租出借行为往往是耦合关系，外来租住借住家庭本身就比较难于融入邻里关系，加之居住时间普遍较短，一般不超过5年，在社区日常管理中与本地居民的身份也不相同，和本地居民基本上很难建立信任、认同和共识。这样，每一个院落中，"老户""新户"之间，"本地""外来"之间，都形成了程度不一的断裂。

（3）外迁还是留住

家庭外迁、留住、参与改善或自我改善等主观意愿的影响因素极其复杂，而且具有不稳定性，既有情感、居住习惯与生活方式的原因，也有利益博弈的衡量，这些影响因素的无规则空间分布和不稳定性，就形成了家庭意愿诉求的马赛克状分布。从已经进行的调查看，居民家庭选择外迁或留住的"重大决策"时，最终往往受"关键事件"影响较大，例如子女就学、老人就医、财产分割等，虽然会受客观住房条件、经济条件、外迁补偿标准、邻里关系等因素的影响，但并没有明显的关联性；而在家庭选择参与改善行动或者自我改善时，这种关联关系则恰恰相反，主观意愿受住房条件和经济条件的影响比较大。

这些家庭意愿差异外化就形成了具体的行动。2013年，什刹海地区实施住房与环境改善项目，采取以院落为单位的申请式腾退行动，即一个居住院落内所有家庭都申请外迁腾退，整个院落的外迁腾退才会付诸行动。发布腾退补偿政策之后，白米社区共计442户居民填写了外迁腾退申请，约占社区总户数667户的66%，意味着在此补偿标准下，约三分之二的居民非常"真实地""强烈地"倾向于外迁（图2.26）。但这些意愿是散布在各个院落之中的，最后符合整院申请外迁腾退条件的家庭仅有54户，4个院落，占总申请家庭的8%[2]。

---

2. 根据什刹海地区住房与环境改善项目实施资料。

这次行动可以看作一次大规模的、完全真实的社会调查，清楚地描绘了倾向外迁和留住家庭的马赛克状分布。例如：某个居住院落中仅有一户拒绝外迁的家庭，这个家庭的住房由三兄弟共有，其父母已去世，如果按照腾退补偿政策，可以置换为一套两居室的安置房，但兄弟三人已经各自成家，成为三个小家庭，对于安置房的处置不能形成共识。因此，虽然他们并不需要这间住房，而且对补偿安置标准也满意，但兄弟三人仍然选择了拒绝外迁，维持现状。客观上讲，维持现状对三兄弟来讲虽然并非最合理的理性选择，但避免了三个家庭因此产生的经济纠纷。

图2.26　白米社区申请外迁家庭的空间分布

图片来源：笔者根据什刹海地区住房与环境改善项目实施资料整理绘制。

福祥社区的情况也有相似之处。在我们进行的问卷调查中，每个院落中的家庭意愿各有不同，倾向外迁和留住的家庭同样是马赛克状分布的。14个院落中，有一个单户院，由于只有一个家庭，外迁意愿比较明确；其余13个院落中的家庭，不仅外迁或留住的意愿各不一致，参与改善行动的意愿也不一致，超过一半的家庭曾进行过装修粉刷、改善厨卫设施和扩大面积等方式的自发维护，也有一部分家庭表示无论获得多少补贴都不愿意出资参与改善（图2.27、图2.28）。

在完成调查后的第二年，福祥社区启动以家庭为单位的申请式改善行动，只要居民申请，均可选择外迁并获得相应补偿。这次申请式改善行动共涉及59个

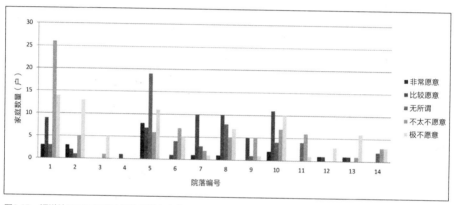

图2.27　福祥社区不同院落内部的居民家庭外迁意愿差异

图片来源：笔者根据2014年问卷调查数据整理绘制。

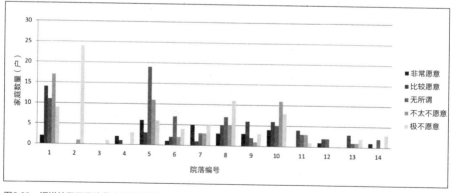

图2.28　福祥社区不同院落内部的居民家庭参与居住改善意愿差异

注：共计13个院落，其中1个院落分为甲×号和×号统计。

图片来源：笔者根据2014年问卷调查数据整理绘制。

院落662户家庭，其中407户家庭申请外迁，其中有12个院落为整院申请迁出，其余47个院落中均有家庭选择留住[3]（图2.29）。

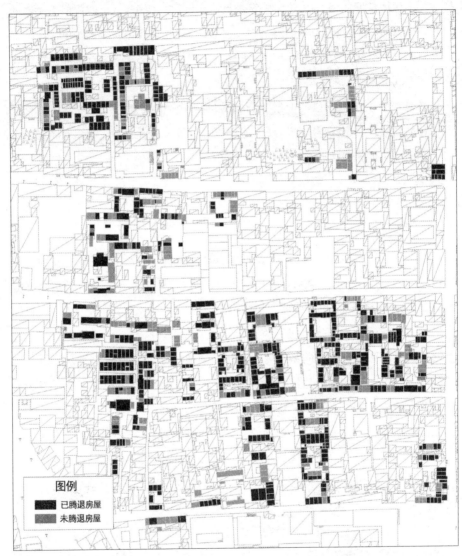

图2.29　福祥社区4条胡同腾退空间的分布（局部）

图片来源：笔者根据房屋管理部门资料整理绘制。

3.《东城区人民政府关于实施历史文化街区——南锣鼓巷地区保护复兴计划情况的报告》，2017。

由于完全尊重了居民外迁或留住的意愿，这次行动也是一次对居民家庭最为可信的"真实的"意愿调查，再一次印证了家庭意愿诉求的分化情况。另外，关于居民意愿的调查和实际外迁的情况，也反映了居住院落螺旋向下衰败的困境。一方面，院落内部的居民经济社会状况分化，自我更新改善难以协同；另一方面，这种分化对公共政策产生很大影响，政策设计必须非常精准和多样，才能解决不同类型家庭的实际问题。

见微知著，举一反三，根据在历史文化街区中的调查可知，院落内部分化虽然有不同形式、不同程度的表现，但实质上已是一种普遍性现象，已经成为影响居住院落保护的关键症结。

2.4 缘何杂院

1949年至改革开放初期是杂院形成的第一个阶段，突出特征是空间划分和社会同质化并存。1949年之后，受居住人口迅速增加、单位制和住房分配制度影响，院落大多分配给同单位或同类型的居民，由房管部门或单位统一管理，整体性的院落迅速解体为若干"间"的集合。这一时期，房管部门或单位对院落采取统一的管理并具有重要的影响力，从初始的建筑划分，到住房的分配使用，甚至在不同阶段的加建改建过程中，这种统一管理的一致性始终存在。在20世纪六七十年代，由于人口自然增殖、知青返城等原因，空间资源严重不足，加建房屋逐渐占据了院落空间，空间的划分基本成型。但在单位制和住房分配制度影响下，家庭的经济社会属性仍然较为一致，院落中的社会关系仍然较为稳定，院落分化集中在"空间"的划分。这一阶段院落的空间整体性已经破坏，而居住人口的持续增加，为下一阶段的分化埋下了伏笔。

20世纪80年代至20世纪末是杂院形成的第二个阶段，突出特征是社会与空间资源错配，院落内部同质化的社会构成开始解体。单位制解体、市场经济发展和家庭小型化打破了院落内部同质化的基础，人户分离的情况大量出现。部分居民在保留住房产权或承租权的前提下，迁出至其他地区居住，出租原有住房；部分居民经济收入提高，希望就地改善居住状况，但由于与其他居民共用建筑和院落，难以单独行动；这两类家庭与中低收入家庭之间出现了明显的意愿差异，家庭之间的住房条件和邻里关系也开始分化。

20世纪末以来是杂院更加混杂的第三个阶段，突出特征是人户分离家庭的比例进一步增加，外来人口日益增多，家庭住房条件、邻里关系和居住意愿高度分化。在北京经济发展和全国城镇化背景下，居住院落中更多家庭主动迁出，更多家庭出租住房，更多外来人口置入进来。自主的外迁，被动的置入，主动的租赁，三类居住群体的变动，使得院落内部的居民社会结构日益复杂，本地家庭之间、本地家庭与外来家庭之间的社会关系日益割裂。这种分化极大地增加了制定公共政策、空间行动和基层治理的难度，一系列保护更新实践都受到这种分化的负反馈影响，公共部门行动的有效性降低，居民自我更新改善也深受影响，居住院落似乎进入到一种负面的、向下的螺旋过程。

回顾数十年来杂院形成的过程，有两种力量产生了关键影响，一种是政策和市场的结构性过滤，一种是日常的空间行动和治理。

（1）政策和市场的过滤

中华人民共和国成立初期，住房始终处于紧张状态，为了解决基本居住问题，不可避免地要利用传统院落，采取"一院多户"方式增加居住容量，在绝大多数居住院落中安置两户以上家庭，部分大一些的院落甚至安置了数十户家庭，这是特殊时期不得不采取的应急方案。同时，为了最大限度提供居住空间，住房政策鼓励"见缝插楼"和"接、推、扩"等做法，解决基本居住需求。这种增加空间容量的政策导向，是自建房屋涌现的直接原因，虽然是特殊时期的应对方案，但事实上埋下了人口密度持续升高的伏笔。

值得注意的是，根据1953年《北京市公有房屋管理暂行办法》等文件，这一时期的住房政策，尤其是公房管理政策具有非常鲜明的保障性住房特征，提出了明确的退出机制和平移置换机制，本质是"产权公有，有条件分配使用权"。

20世纪80年代开始，部分居民自主外迁到了城市其他地区，或者由于其他种种原因，已"不再需用"公房，但管理部门并未针对这种人户分离现象实施退出机制。1987年《北京市人民政府关于城市公有房屋管理的若干规定》中仅提出："承租者不得擅自将承租的房屋转租、转让、转借他人或擅自调换使用，不得利用承租的房屋进行非法活动。违者，出租单位有权中止租赁合同，收回房屋。"除此之外，并未再提及公房租用的退出机制。住房管理执行时"重分配、管维护、轻管理、轻退出"，逐渐形成了公房承租家庭"事实上拥有永久使用权"的现象。

房改期间，院落住房产权发生了新的变化，居民家庭的经济条件和主观意愿不同，有的购买公有住房，将公房转为私有产权，有的家庭依然保持承租公房，因此一些公房院落成为混合产权的院落。

此外，公房的租赁管理趋于松弛，公房承租家庭以极低价格承租公房成为常态，又适逢市场经济背景下的外来人口大量增加，公房承租家庭将房屋转租给外来人口；同时，私房院落中也普遍出现了这种人户分离和无序出租的现象，老城居住院落事实上产生了分散的、普遍的人口置换。

纵观住房管理政策和市场机制的影响，公房退出和租赁管理政策的失灵，市场机制下的外来人口迁入，共同形成一种向下的过滤效应。外迁家庭条件显著高于迁入家庭条件，"本地留住中低收入居民"和"外来中低收入群体"不断聚集，院落内居住密度始终没有降低，院落内实际居住家庭的整体经济社会水平始终没有提高，很长时间内历史文化街区中存在着明显的贫困聚居现象。这是家庭间住房条件两极分化的主因，也是邻里关系和居住意愿分化的结构性基础。

(2) 院门之内，屋檐之外

从一院一户到一院多户，居住院落中"家庭—院落"的社会—空间对应关系被"家庭—建筑/间"所代替，家庭的产权或者承租权是以单栋房屋甚至单个开间为单位，公共空间就从街巷延伸到了院门之内。院门之内和屋檐之外，形成了一种特殊的、公私交叠的空间，院落空间行动就需要所有的家庭形成共识。更微观一点，单栋房屋大多由若干家庭共有，一栋住房的空间改善也需要不同家庭共同参与。居住院落的这种空间特性，势必要求居住改善过程中居民之间形成紧密的共识与合作，而前述政策和市场的过滤结果，又制约了共识与合作的形成，两相交叠之下，居住院落空间环境恶化几乎注定是难解之题。

破题之处，或许是承认院落空间和共有房屋的部分公共性，划定基本的底线控制，由公共部门进行一定程度的管理和引导。然而在公共部门的实际管理中，往往将院落空间和居住房屋默认为由居民自行管理，出现了一种"公共管理止于院门，自我改善止于檐下"的脱节。居住院落中没有形成有效的房屋质量风貌管控机制或院落空间管控机制，房屋修缮维护的义务和激励方式不清晰，院落空间和共有房屋成为某种意义上的无主地，居民家庭纷纷主张院落空间和共有房屋中的权利，却没有明确的、需要承担的维护义务。

纵观院落内部的公共管控和居民自治进程，在20世纪90年代以前，对于房屋质量风貌的管控基本处于空白，居民在院落空间中的自建加建行为基本处于自由博弈状态；自20世纪90年代以来，尤其是历史文化街区保护规划批复之后，居民的自建行为得到了较强的监管，但院落中的自建加建格局已然形成，由于涉及基本的厨卫功能，贸然拆除自建房已无可能。建筑质量风貌方面，主要管控内容是明确"建筑基底"和"檐口高度"，即平面不得扩大，立面不得增高。另外，公共部门对房屋质量风貌进行动态评估，并对直管公房进行质量维护，但对单位产公房和私房还未形成具有有效约束力的质量风貌要求，也尚未形成对居民自我改善房屋质量风貌行为的奖励或补贴机制。

同时，由于居民参与改善行动的意愿差异大，对产权改革和激励政策没有稳定的预期，同时受长期以来政府包办带来的惯性依赖影响，相当多的居民对外迁、留住改善持观望态度。这种情况下，公共部门无力、无法进行大规模的住房质量风貌改善行动和院落空间整治行动，居民既缺乏义务约束，也缺乏内在动力，消极对待房屋修缮维护和院落环境整治就成为普遍现象。简而言之，公共管理止于院门，整体改善难以实施，自我改善止于檐下，居住困难悬而难决，应是杂院形成和延续至今的主要原因。

隐蔽的院落分化

我们能推开的院门少之又少，所以"院落"之于大家往往是抽象的、模式化的，而非具体的、真实的。现实中，成千上万的院落在老化、重修、交易和日常使用，既产生结构性差异，又有细处的不同。推开院门，我们才能观察到这种隐蔽的分化。

《四世同堂》里有这样一段生动的描述："路西有一个门，已经堵死。路南有两个门，都是清水脊门楼，房子相当的整齐。路北有两个门，院子都不大，可都住着三四家人家。假若路南是贵人区，路北便是贫民区。"[1]院落之间的分化从中可见一斑。

在清朝中后期，满汉分城制度趋于宽松，部分八旗家庭的衰落带来了居住院落的易主和人口的置换，这些院落的分布较为无序，因此北京老城居住院落的微观分化开始复杂起来。同一个片区内，大大小小的院落聚在一起，有深宅府邸，有独户小院，也有一院多户的杂院。

1949年以后，北京老城居住人口快速增加，新增人口通过住房分配方式置入居住院落，除部分院落转为非居住功能和极少数院落由一户居住之外，绝大部分院落均是一院多户居住。在20世纪80年代之前，绝大多数居住院落中的家庭人均住房面积应较为接近，从规模和产权看，大致可以分成"大中型公房院""中小型公房院"和"中小型私房院"。由于多是一院多户，住房面积不足，院落中自建加建的现象普遍，房屋质量风貌总体也面临着衰败趋势。20世纪80年代以后，尤其是20世纪末以来，一部分私房院落通过市场方式发生了置换，高收入、高社会地位家庭置入，这些院落变成了居住条件很好的单户院，建筑质量风貌维护得也很好；还有一部分私房院落，随着家庭条件改善，进行了自我更新改善；另有一部分公房院落经历了公共部门进行的腾退和修缮，空间环境得以改善。这些院落的居住和使用状况，以及院落和建筑的质量风貌是向上演变的，但这些院落总体的占比并不高，大多数院落仍处于衰败状态（图3.1、图3.2）。

近年来，在街巷胡同环境整治的行动中，公共空间普遍进行了改善，院落之间的外部形象差异也逐渐缩小，然而这并未改变院落内在的分化。也许两个相邻院落的院门、院墙甚至房屋立面差异并不大，但如果观察院落内部，则会发现它们两极分化的情况依然突出，是一种"隐蔽的院落分化"。

---

1. 老舍：《四世同堂》（上），人民文学出版社，1998，第11页。

图3.1　衰败的居住院落和附近改造
后的院落

图片来源：笔者2020年摄于西打磨
厂街。

图3.2　相邻的两个院落

图片来源：笔者2022年摄于雨儿胡同。

3.1 什刹海

什刹海位于北京老城的西北部，由一水相连的前海、后海、西海等三片水面组成，历史上这个区域古刹众多，连同周围的民居、王府、园林、商街等，形成了今日的什刹海历史文化街区。什刹海历史文化街区是什刹海街道的北半部分，在什刹海街道的南半部分，还包括了景山、北海周边的历史文化街区。

(1) 王府和居住院落

在元大都建城伊始，前海、后海、西海整体为积水潭，是运河漕运的终点，在烟袋斜街—钟鼓楼一带形成了繁华的商业地区，此外还有广化寺、火神庙、护国寺等寺庙。由明至清，什刹海地区的大中型院落逐渐成型，李孝聪、成一农等写道："由于清朝政府完满解决了与蒙古王公贵族的关系，不再需要对蒙古地区用兵，北京城郊也不再有蒙古骑兵的骚扰，城西不必配置仓厂，城外可以建仓……清朝粮食物资进京漕路基本固定在城东的通州卸运……将分布在北京西城的原明代草料场、火药厂、铳炮厂、仓库尽数裁撤东移。"[2]这些旧日仓厂均面积较大，成为王府的最佳选址。在清代中后期，什刹海地区聚集了不少王府。民国以及1949年之后，这些王府以及寺庙逐渐转变为行政办公等大型公共服务设施，这是什刹海地区大中型院落演进的大致脉络。

由于历史地图的精度仅到街巷胡同，中小型居住院落的规模演进和分化的过程较难考证，但参考李菁、王贵祥等对北京老城四合院尺度演变的研究，"猜想元代'八亩一分'的合院建筑发展到明清时期可能出现了如下的分宅现象……不同时期的不同所有者身份与经济状况基本一致的情况下，合院建筑在分割的过程中就能够保持较好的完整性……居住者身份与经济状况随时代发展变化较大时，则宅院分化活动剧烈"[3]，大致可以认为，明清时期什刹海地区的一般居住院落总体存在切割划分而规模逐渐变小的趋势。

---

2. 唐晓峰、辛德勇、李孝聪主编《九州》（第二辑），商务印书馆，1999，第215页。
3. 李菁、王贵祥：《清代北京城内的胡同与合院式住宅——对〈加摹乾隆京城全图〉中"六排三"与"八排十"的研究》，《世界建筑导报》2006年第7期，第6—11页。

目前，什刹海历史文化街区中有3700余处各式的院落，有传统形式的四合院，也有少量院落已经整体改建为楼房。这些院落大大小小，功能各异，住房条件有好有差，家庭经济社会条件和意愿诉求也大相径庭（图3.3）。从数量上看，占比最大的是居住院落，其中传统形式的居住院落有3100余处，另有改造成多层住宅楼的院落20余处，其次则是商业类院落，有300余处，这两类院落的规模普遍不太大。办公、文化、医疗等公共服务类院落的规模则要大一些，这些院

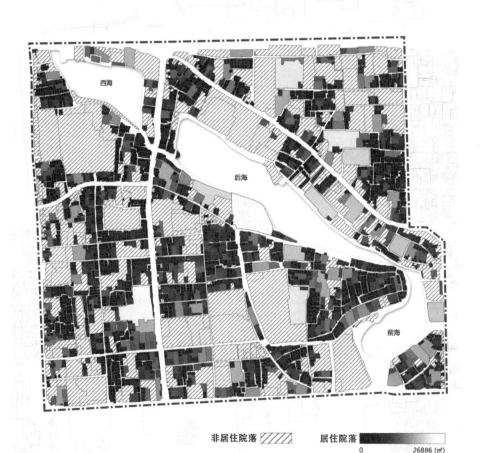

非居住院落 ///////   居住院落 [■■■■■■■■■■]
                              0   26886（㎡）

图3.3 什刹海院落规模分布

图片来源：笔者等根据2018年实地调查情况绘制。

落多由王府、寺庙等演化而来，虽然数量不足200处，但占地面积接近整个历史文化街区的三分之一，接近居住院落占地面积的八成，是商业类院落占地面积的三倍左右（表3.1、图3.4）。

可以说，在长时期的演进过程中，什刹海地区逐渐形成了少量大规模院落和大量小规模院落杂相处之的状态，前者以公共服务功能为主，后者以居住院落和商业院落为主，这是什刹海历史文化街区院落的基本概貌。

表3.1 什刹海地区的院落规模分析

院落类型	院落数量（个）	院落面积平均值（m²）	院落面积中位数（m²）	院落面积标准偏差（m²）	院落面积分异度
什刹海地区的所有院落	3754	629.01	257.53	2197.51	3.49
什刹海地区的居住院落	3178	409.74	243.89	963.75	2.35

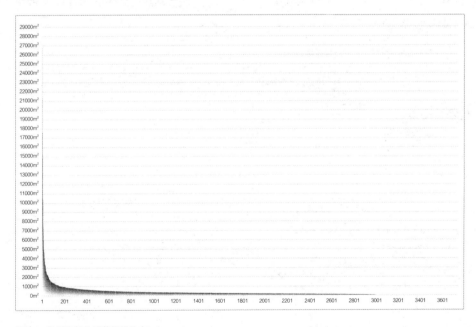

图3.4 什刹海居住院落规模分布

图片来源：笔者根据2018年实地调查情况统计。

(2) 单户和多户的院落

什刹海地区有接近2000处直管公房院落，在少量的简易楼房和其他使用功能院落之外，大多数是居住院落。面积最小的直管公房院落占地仅10平方米（单房无院）；面积最大的占地超过3000平方米（楼房院落，非平房居住院落），户籍家庭有49户；规模较大的直管公房平房居住院落也超过1000平方米。从总量看，这些直管公房居住院落的建筑总面积平均值大约在161平方米，中值约在108平方米。

这些直管公房居住院落有两个主要特征：一是每个院落的居住户数并不太多，多数并非"大杂院"，而属于"中小规模的杂院"，居住家庭户数的平均值约是6.4户，中值是4.5户，房屋间数的平均值约是11.6间，中值是8间。如果将一院一户的情况剔除，居住家庭户数的平均值是7.5户，中值是5户，房屋间数的平均值是13间，中值是10间，房屋间数与家庭户数的总体比例关系是2∶1，大致1户家庭拥有2间住房；二是院落内部户均住房面积的中位数是23.22平方米，占主要比例的居住院落中存在明显居住困难，而且不同院落的居住状况差异也很明显（表3.2～表3.3）。

表3.2 什刹海地区直管公房居住院落差异分析

	建筑总面积（m²）	家庭户数（户）	房屋间数（间）	院内户均面积（m²）
平均值	160.99	6.37	11.61	33.00
中位数	108.83	4.50	8.00	23.22
标准偏差	196.23	6.62	12.23	45.82
分异度	1.22	1.04	1.05	1.38

表3.3 什刹海地区直管公房居住院落类型划分

院落类型		院落建筑总面积（m²）	家庭数量（户）	院落数量（个）	备注
一院一户	较小的院落	<30	1	102	总建筑面积均值147平方米，中值40平方米
	中等的院落	30~45		73	
	较大的院落	>45		171	

院落类型		院落建筑总面积（m²）	家庭数量（户）	院落数量（个）	备注
一院多户	较小的院落	极值18，220	2~4	<u>614</u>	总居住户数 均值7.5户，中值5户
	中等的院落	极值50，320	5~8	<u>512</u>	
	大型的院落	极值110，2930	>8	<u>448</u>	

数据来源：笔者根据2013年房屋管理部门数据整理。

(3) 外迁或留住的院落

院落之间的居住状况有差异，居住意愿诉求也各不相同。2013年，什刹海地区住房与环境改善项目中实施了整院申请式腾退外迁，截至2018年1月20日，在这次行动的9个社区中，共计收到接近6000户居民申请，涉及1700多个院落，而最终院内所有家庭都申请外迁的"整院"不足280处，涉及家庭800余户[4]，这些形成了"外迁共识"的院落在空间上散布（图3.5）。

从规模尺度看，这些整院申请腾退外迁的院落大多数属于"小型化院落"和"中等居住条件家庭集中的院落"，占地面积较小，家庭户数较少，占地面积平均值72平方米，中值50平方米，远小于什刹海地区的均值和中值。这种现象表明，由于家庭意愿诉求的差异性和随机性，在没有外界影响的情况下，居民家庭往往仅能在小规模院落中形成行动共识（图3.6）。

这次行动真实准确地反映了"院落内部共识强度"的明显差异，其不仅是外迁共识，也从侧面反映出居住改善或其他行动的共识。小规模院落容易形成"较高强度共识"，主要由于居民家庭数量较少，因而容易形成紧密的社会联系，容易做出一致的重大决策。我们可以观察到这种院落内部共识强度的分布，一是少数院落形成全部外迁的共识；二是少数院落形成全部留住的共识，这些院落受产权原因和经济利益影响较大，基本是单位产公房或临街商业型院落，单位产公房的腾退补偿机制较为复杂，而临街商业型院落中的家庭则更倾向

---

4. 根据什刹海地区住房与环境改善项目实施资料。

图3.5　什刹海地区居民申请腾退外迁的院落（局部）

图片来源：笔者根据什刹海地区住房与环境改善项目实施资料整理绘制。

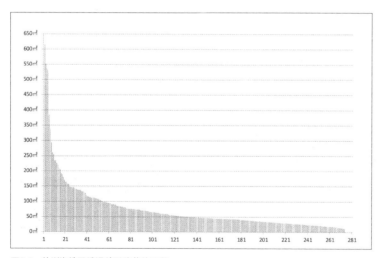

图3.6　什刹海地区腾退外迁院落的面积

图片来源：笔者根据什刹海地区住房与环境改善项目实施资料整理绘制。

于选择出租房屋获益；三是大部分院落内部既无法形成全部外迁的共识，也无法形成全部留住的共识，内部的意愿诉求差异比较复杂，而且意愿诉求的占比也各有不同。另外，也反映出由于"院落内部共识强度"差异以及家庭之间意愿诉求的差异，单一政策标准难以有效应对，极易出现某一类型家庭获利更大、某一类型院落积极性更高的结果。

（4）保护和非保护类院落

每个历史文化街区中的院落质量风貌分化都是存在的，什刹海地区也不例外。恭王府、宋庆龄故居这些非常著名的文物保护单位也许说服力不强，我们可以观察一些相对不太著名的院落。

广福观，位于什刹海烟袋斜街内，目前是北京市文物保护单位，1949年以后主要作为居住使用。在2007年进行调查时，广福观所处的烟袋斜街37号、51号和大石碑胡同6号、8号一共居住着65户家庭，常住人数143人，这些家庭居住在1300余平方米的产权房屋和800余平方米的自建房屋中，算上自建房，人均住房面积大概15平方米[5]。密密麻麻的自建房挤在院落中，仅余三轮车可通过的夹道。其后，由政府部门出资将广福观中的居民迁出，拆除了自建房并对传统建筑进行了修缮，留存的山门、大殿得到修复，已经消失的配殿也进行了复建。2008年修缮工程完成以后，广福观重新向公众开放，院落风貌和建筑质量得以极大改善。其后，又再度修缮维护。近几年，广福观成为了什刹海文化展示中心，相比于十多年前的境况，广福观可谓已获再生。

相较于广福观，张之洞故居的境况则令人担忧。张之洞故居位于白米斜街11号，目前是普查登记文物，清光绪年间张之洞居住于此，1949年以后，这处院落成为某单位的家属宿舍，时至今日仍然居住着50多户居民。位于白米斜街的大门依然保留了原有的形制，因为是数十户家庭共居的院落，大门是一直敞开的，门前经常挤着各色自行车和电动车。院落内部已经被自建房挤占得满满当当，挤出了纵横交错的夹道，夹道两侧既要停放自行车，又要堆放杂物、晾晒衣

5.《什刹海历史文化保护区烟袋斜街试点片区保护修缮规划》，2004。

物，还要安装密密麻麻的防护窗和空调外机。因为是作为中华人民共和国成立初期分配的职工宿舍，每一栋建筑都被切分成大约3米宽的隔间，每个家庭的房间很小，每个家庭都需要在院落中加建小厨房，以及为了子女居住的第二间卧室。在院落中穿行或者居住，已经难以分辨出传统建筑和原有的院落格局，只有在绘制总平面图的时候，才能辨析出这处院落原有的样貌（图3.7）。

广福观和张之洞故居的院落质量风貌差异并非个案。在什刹海地区，迄今陆续划定了53处各级文物保护单位（什刹海街道辖区范围），另外有普查文物52处。根据2018年的调查，14处全国重点文物保护单位已经全部进行了腾退修缮和环境整治，保护状况良好；17处市级文物保护单位中也有13处得到了良好的维护（图3.8）；22处区级文物保护单位中有16处保护较好；而剩余的4处市级文物保护单位和6处区级文物保护单位的状况则处于较差的一端。而在52处普查登记文物中，只有10处得到了维护修缮，其余42处分别作为办公、商业和居住建筑使用，存在着严重的隐患。此外，在调查中还发现，有127处具有明显历史价值的院落尚未被列入保护范围，这些院落普遍自建加建情况严重，质量风貌破败，甚至很多已经濒临损毁[6]。

院落之间的质量风貌分化并非只存在于文物保护单位之间，普通的非保护类院落的质量风貌分化甚至更加严重。普通居住院落的改善主要与房屋产权所有人相关，直管公房依靠房管部门的维护，在较长时期内处于普遍自然衰败和局部维护的交叉影响中，在没有"重点项目"波及的区域，这类院落的质量风貌基本类似而普遍较差；各类单位产权性质的院落则大多数处于失修失管状态，往往是更差的；而私房院落主要依靠居民家庭自我改善，因为居民家庭经济社会条件的差异突出，既有一院多户的私房杂院，也有高收入家庭的精美独院，是情况差异最明显的类型。此外，近年来通过政府和企业主导的腾退、整治行动，也有一批院落迅速得到了改善。在不同产权类型、不同实施方式的影响下，普通的、非保护类的院落也逐渐形成了分化。

根据房屋管理部门登记记录，2000—2013年期间，什刹海地区申请并批准

6.《什刹海街区整理规划》，2018。

图3.7　张之洞故居

图片来源：笔者摄于2015年。

图3.8　觉品酒店

注：使用正觉寺旧址的部分房屋经营，按照文物保护要求进行日常维护和管理。上图为觉品酒店房屋外观，下图为觉品酒店内景。

图片来源：笔者摄于2016年。

的翻改建行为近800处，其中由房屋产权人申请登记并实施的私房房屋翻改建行为逾400处[7]（图3.9）。值得注意的是，这些自发的修缮维护与翻改建行为在空间上没有关联，院落质量风貌改善的分布依着院落内部家庭意愿诉求而无序分布。

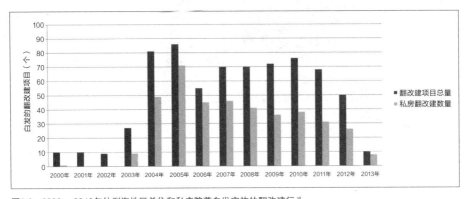

图3.9　2000—2013年什刹海地区单位和私房院落自发实施的翻改建行为

图片来源：笔者根据2013年北京市历史文化街区保护规划实施评估资料（什刹海历史文化街区）绘制。

3.2 白塔寺和西四北

　　沿着阜成门内大街，有两片特色鲜明的历史文化街区——阜成门内大街历史文化街区和西四北头条至八条历史文化街区，这两个历史文化街区中各自包含典型居住院落集中区域——白塔寺片区和西四北片区。阜成门内大街历史文化街区和西四北头条至八条历史文化街区的边界是赵登禹路（南北向）和西四北头条（东西向）（图3.10、图3.11），下文中为了区分两个形态肌理差异明显的片区，将西四北头条与阜成门内大街之间的片区归入西四北片区讨论。

　　西四北片区的胡同和院落可以追溯至元代，街巷胡同平直，院落格局规整，尺度较大。在元至明清、民国的演进过程中，胡同宽度逐渐缩窄，开始增加一些小的分支，与此同时，一些院落也渐渐拆解，尺度逐渐缩小，形成了中小型院落和大型宅院混合的情况。但总的来说，整体空间形态仍颇为规整。

---

7. 2013年北京市历史文化街区保护规划实施评估资料（什刹海历史文化街区）。

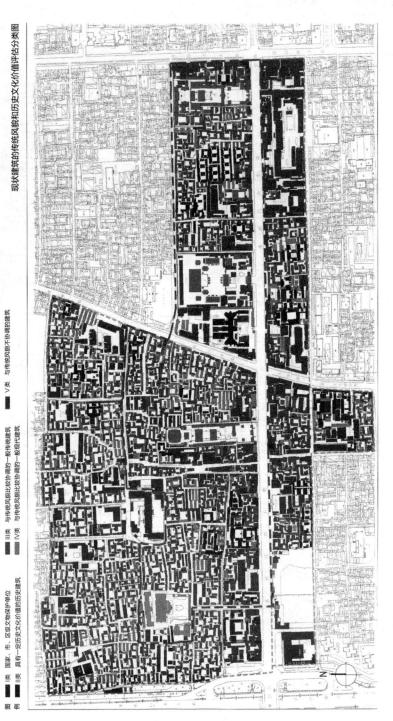

图3.10 阜成门内大街历史文化保护区现状建筑的传统风貌和历史文化价值评估分类图

图片来源：北京市规划委员会. 北京旧城二十五片历史文化保护区保护规划 [M]. 北京：燕山出版社，2002.

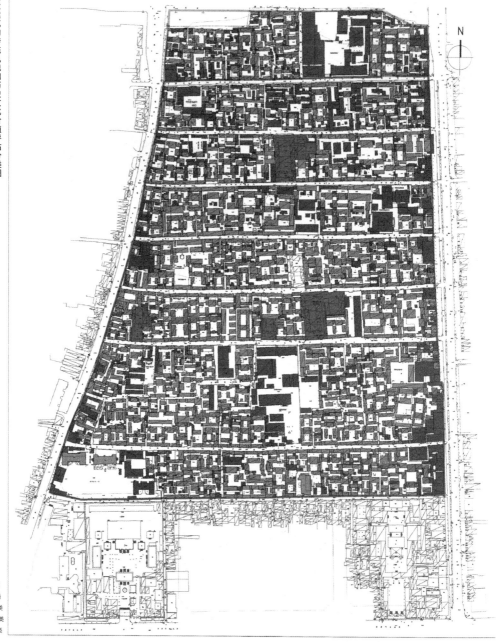

图3.11 西四北头条至八条历史文化保护区现状建筑的传统风貌和历史文化价值评估分类图

资料来源：北京市规划委员会. 北京旧城二十五片历史文化保护区保护规划 [M]. 北京：燕山出版社，2002.

白塔寺片区，也就是妙应寺周边的居住地区，在元大都建立之初，是"大圣寿万安寺"所处的区域。这座寺庙初建时规模宏大，据称占地16公顷，后由于雷火，寺院大部分殿堂焚毁，其后在明初重建时规模大为缩小，尤其是东西两侧大为缩减，成为窄长的一处寺庙[8]。在缩减的原址上逐渐形成了成片的居住院落，这些院落的格局形式与西四北片区有鲜明的差别，规模偏小，样式并不规整，胡同肌理也是自然成长的形状，大多狭小曲折，其中以妙应寺西侧的宫门口东、西岔最具代表性（图3.12）。

(1) 居住院落的尺度

《西四北头条至八条历史文化保护区保护规划》中调查了西四北片区的576个居住院落[9]，而根据2009年的调查，在增加了西四北头条和阜成门内大街之间的区域，以及将沿街独立房屋计入院落数量之后，西四北片区的居住院落数量应有755个。其中最大的居住院落在西四北六条，占地面积5000余平方米，院落中的产权房屋有数十栋；同时也有很多小的居住院落是仅有一栋房屋的"单房院"，面积不足20平方米，仅有一户居民。这些居住院落的规模中位数约为248平方米，平均值约是432平方米[10]。对比其他历史文化街区，西四北片区居住院落虽然逐渐分解，院落规模中位数与其他历史文化街区接近，但规模整体仍然较大，平均值明显高于其他历史文化街区，而且院落规模差异尤为明显，标准偏差和平均值的比值约为1.59。如果把西四北片区非居住的院落也包含进来，这种特点就更加突出，因为大量沿街独立房屋的数量多且规模很小，中位数进一步降低到216平方米，而由于非居住功能院落中存在很多大型院落，如学校、寺庙，平均值则升高到466平方米，标准偏差和平均值的比值升高到2.45（表3.4）。

这些数值基本反映了西四北片区院落规模尺度特征，部分大型院落延续了元代以来的规模特征，作为公共用途或者大型杂院，部分院落在演进中由大型院落解体而来，规模日益变小，这两类院落在规模上的差异非常突出（图3.13、图3.14）。

---

8. 北京市规划委员会：《北京旧城二十五片历史文化保护区保护规划》，燕山出版社，2002，第119页。
9. 同上书，第96页。
10. 《北京市阜景文化旅游街区发展规划研究》清华大学课题组调查资料。

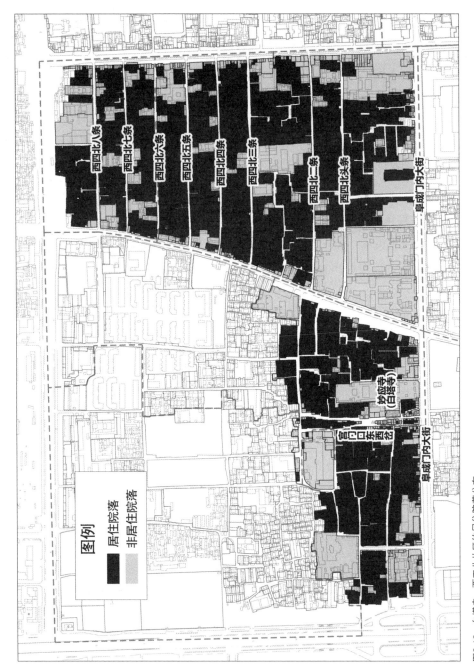

图3.12 白塔寺—西四北片区的居住院落分布

图片来源：笔者根据2009年实地调查情况绘制。

西四北八条
西四北七条
西四北六条
西四北五条
西四北四条
西四北三条
西四北二条
西四北头条

阜成门内大街

妙应寺（白塔寺）

宫门口东岔
宫门口西岔

阜成门内大街

图例

居住院落
非居住院落

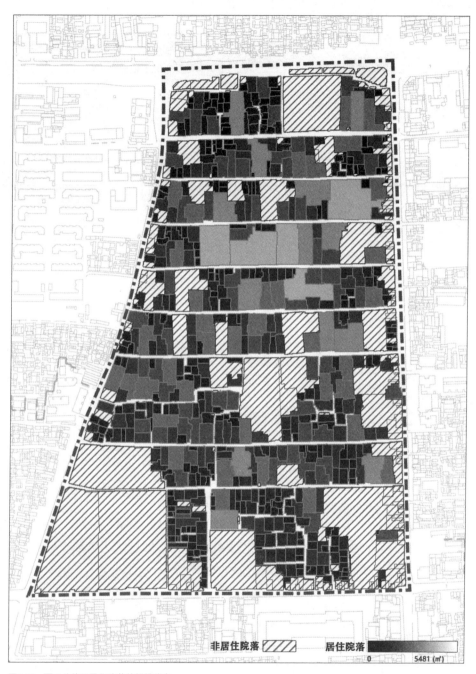

非居住院落 ⬚⬚⬚⬚   居住院落 ▓▓▓▓
                                    0   5481 (m²)

图3.13 西四北片区居住院落的规模分布

图片来源：笔者根据2009年实地调查情况绘制。

表3.4 白塔寺—西四北片区的院落规模

院落位置	院落数量（个）	院落面积平均值（m²）	院落面积中位数（m²）	院落面积标准偏差（m²）	院落面积分异度
白塔寺—西四北片区院落	1843	420	209	1117	2.66
西四北片区院落	893	466	216	1160	2.45
西四北片区的居住院落	755	432	248	686	1.59
白塔寺片区院落	950	378	204	1072	2.84
白塔寺片区的居住院落	708	332	247	334	1.01

资料来源：笔者根据2009年实地调查情况整理。

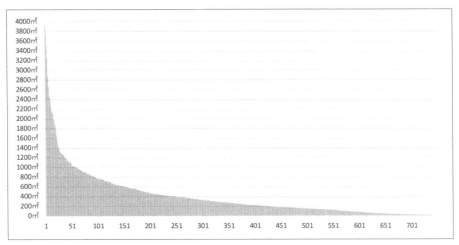

图3.14 西四北片区居住院落的规模分布

图片来源：笔者根据2009年实地调查情况整理绘制。

　　在阜成门内大街、阜成门北大街、大茶叶胡同和赵登禹路围合起来的白塔寺片区，居住院落有708个。虽然白塔寺片区居住院落的形成过程和格局肌理与西四北片区并不相同，但院落规模的特征却仍然具有相似的规律。这里最大的居住院落在宫门口头条，占地近2700平方米，有30栋产权房屋和占满院落的自建加建房屋，小的居住院落同样是不足20平方米的"单房院"，居住院落面积的中位数是247平方米，平均值是332平方米，标准偏差和平均值的比值是1.01，加上非居住功能的院落以后，中位数和平均值变为204平方米和378平方米，标准偏差和平均值的比值升高到2.84（图3.15、表3.4），这些规律也与西四北片区相似。抛开肌理形态的

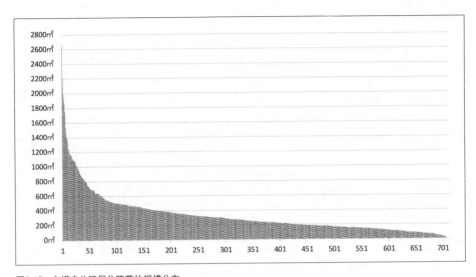

图3.15　白塔寺片区居住院落的规模分布

图片来源：笔者根据2009年实地调查情况整理绘制。

"规整—自由"差异，仅从规模尺度上看，白塔寺片区似乎是西四北片区的"缩小版"，院落规模在大小两端的差异偏小一点，但仍然具有相似的结构性特征。

从规模特征看，白塔寺—西四北片区又可以划分为三大类院落：一是大规模院落，包括大规模的居住杂院和大规模的非居住类院落，数量占院落总数的10%～20%；二是极小规模院落，往往是临街单房院，具有独立的边界，房屋也是单层的传统建筑样式，但已不再是院落式格局，数量也占院落总数的10%～20%；三是大量的中小规模杂院，从50～60平方米到500～600平方米，以居住杂院为主，数量占院落总数的六成以上，占主要比例。在这三大类院落的整体分布中，可以观察到一个大致的规律——"平均线以下院落"数量大致是"平均线以上院落"数量的二倍左右。换句话说，我们给某一片区院落规模标记一条平均线，那么低于这条线的院落数量大约占总数的三分之二左右，这种特征在其他历史文化街区也存在。

(2) 经济收入自我评价

在2009年的白塔寺—西四北片区调查时，按照每5个院落抽取1个院落的定距抽样方式对宫门口社区、安平巷社区、西四北头条社区、西四北三条社区、西四北六条社区等五个社区的居住院落进行了问卷调查，每个抽样院落中的所有家庭都填写了问卷，共计收到近千份问卷。这次调查尝试通过对院落中每个家庭的收入水平统计来衡量整个院落的经济条件。调查中，每个家庭的"自我评价家庭收入水平"，分为1～5档，将院落内家庭收入自我评价的结果进行统计，大致能够定性地描述院落整体的经济社会条件。采取相似的方法，也对这些社区的家庭总收入进行了分析，客观收入和主观自我评价的结论大致是耦合关联的。

以院落为单位，这些家庭的经济社会条件有三个基本特点：一是收入水平评价中，"一般、较低、非常低"的占比较高，经济社会条件存在结构性的中下收入家庭聚集，这是比较普遍的院落类型；二是在经济社会条件总体偏低的前提下，院落内部的家庭自我收入评价差异比较显著，这与前文关于院落内部家庭分化的调查结论是一致的；三是即使院落内部各个家庭差异明显，但这些家庭组成不同的院落之后，仍能比较清晰地观察到院落间的差异，一小部分经济社会条件"好的""较好的"院落，散布在大量的"差的""较差的"院落之间。

(3) 院落修缮和改善

与前文什刹海地区院落质量风貌分化的特征相似，白塔寺和西四北片区的院落质量风貌也存在着明显的两极分化和马赛克状分布。列入保护范围的院落仅是少数，绝大多数院落的演变大概分为三个方向：一是少数院落由经济条件优越的家庭或企业、公共部门持有，进行了妥帖地维护（图3.16）；二是少数院落的居民进行了自我修缮，改善了院落环境和房屋条件（图3.17、图3.18）；三是更多的院落在修修补补中度过了数十年，虽然大部分建筑的结构性能尚好，但自建加建情况有增无减，院落环境杂乱（图3.19）。根据调查资料，2005年至2012年期间，西四北头条至八条历史文化街区范围内加建了近150栋房屋，加建面积超过1.4万平方米，而拆除的房屋仅10余栋，拆除面积仅0.1万平方米[11]。

---

11. 2013年北京市历史文化街区保护规划实施评估资料（西四北头条至八条历史文化街区）。

图3.16　程砚秋故居

图片来源：笔者摄于2009年。

图3.17　西四北头条25号，2009年

图片来源：笔者摄于2009年。

图3.18　西四北头条25号的同一处
房屋，2021年

图片来源：李硕摄于2021年。

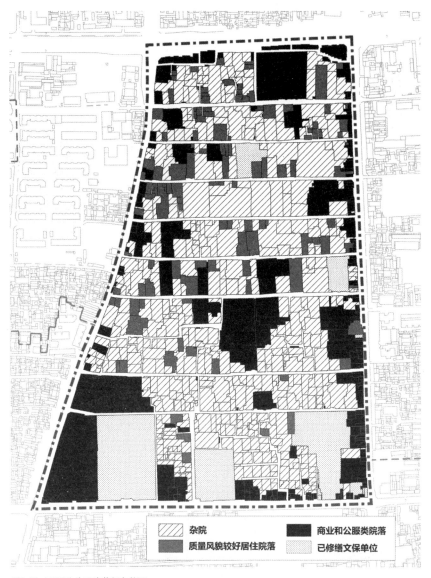

图3.19　西四北片区院落保存状况

图片来源：石炀、李硕、王文科根据2021年实地调查情况绘制。

　　西四北三条3号的圣祚隆长寺，是一处规整的三进公房院落，据记载建于明万历年间，为明汉经厂外厂，清乾隆年间进行了重修，并留有乾隆御笔寺碑。1949年后，圣祚隆长寺作为民居和仓库使用，自建加建情况日渐严重。2011年被公布为第三批西城区文物保护单位，2018年启动了居民的腾退外迁行动，2019年开始拆除自建加建房屋。

2009年调研时，圣祚隆长寺中居住着数十户居民，而且兼作仓库。狭窄的第一进院落中居住着好几户家庭，自建房挤出来的夹道中，胡乱地扯着几根铁丝，内衣和鸟笼挂在上面，地上是暂时不用的花盆、旧砖，以及各色各样的生活杂物。第二进院落中有稍大一些的大千佛殿和西厢房，作为了仓库。西厢房原是祖师殿，其中堆满了成垛的线缆，墙上用黑色油漆潦草地写着"严禁吸烟"。大千佛殿里面也堆满了储物的纸箱，院落中没有完全加建得满满当当的地方，也充分利用起来，用作仓库周转的临时场地。第二进院落东半部分和第三进院落则又是用作居住，大约住了20多户家庭。第三进院落中的正房是大悲坛，然而由于院落中太多的自建房和杂物遮挡，基本无法看到正房，只能远远地眺望到屋顶（图3.20、图3.21）。

2020年，在腾退居住和仓储功能之后，圣祚隆长寺的传统格局再度显露出来。自建房拆除后，从斑驳的地砖还能依稀辨别原住家庭的户墙边界；透过破洞的门窗，能够望见屋内的狼藉。令人庆幸的是，走进四处漏风的大千佛殿，梁檩和考究的纹样尚存（图3.22、图3.23）。按照文物部门的计划，这里很快将开始系统的修缮工程，或许，圣祚隆长寺很快将焕发新的生机。

图3.20　圣祚隆长寺内景1，2009年

图片来源：笔者摄于2009年。

图3.21 圣祚隆长寺内景2，2009年

图片来源：笔者摄于2009年。

图3.22 2020年，拆除自建房后的
圣祚隆长寺

图片来源：笔者摄于2020年。

图3.23 2020年，圣祚隆长寺大千
佛殿传统屋架尚存

图片来源：笔者摄于2020年。

3.3 院落分化的形成

1949年之前，院落分化主要是单户院与多户院的居住条件差异，以及两类院落中的家庭社会阶层和经济条件差异。1949年之后的改革中，院落的分化方式更加复杂，产权制度发生了重大变化，建筑产权类型大致包括私产、直管公房、区属单位自管、市属单位自管、外省市单位自管、港澳台单位自管、中央单位自管和外国机构自管等，居住院落也就划分为私房院、直管公房院、单位产院，以及不同产权混合的院落，等等。另外，以其他衡量标准，也可以将院落进行分类，例如文保院落、挂牌院落等是与保护要求相关的院落划分。

从产权差异看，私房院落由于院落内部社会联系较为紧密，较易形成共识，房屋的修缮维护情况较好；公房院落由于家庭经济社会条件和意愿诉求差异，较难形成共识，房管部门主导的房屋维护也并不包括院落空间环境整治及管理，这类院落往往更容易衰败。从保护等级差异看，国家级和北京市级的文物保护单位投入公共资金较多，房屋质量风貌和院落空间环境往往较好；其他保护等级相对较低的院落虽然有比较明确的保护要求，但由于资金投入不足，保护状况要差一些。从居住行为差异看，一部分院落发生了市场交易和人口置换，高收入家庭购置、修缮和使用院落，对空间环境进行了较好地维护；也有中低收入家庭租赁置入情况突出的院落，空间环境则更易混杂。

这些以院落为单位发生的变化，其核心动力既有政策制度原因，也有保护更新方式、市场置换、院落管理和居民行为等因素，而且这些因素在空间上并不具有明显的分布规律，从长时段来看，这是院落分化形成的基本背景。

(1) 规模—产权的耦合

在元明清以及民国时期，院落规模的分化逐渐形成。赵正之在20世纪60年代论述了元大都规划中街巷胡同的尺度特征，认为正如《元史本纪》记载的"定制以地八亩为一分"，用地八亩是基本的地块划分原则[12]。邓奕、毛其智通过对

---

12. 李菁、王贵祥：《清代北京城内的胡同与合院式住宅——对〈加摹乾隆京城全图〉中"六排三"与"八排十"的研究》，《世界建筑导报》2006年第7期，第6—11页。

《乾隆京城全图》的解读,认为元大都以44步×44步的正方形作为院落用地的基本标准[13]。李菁、王贵祥通过对《加摹乾隆京城全图》的研究,认为用地八亩为定制是"赀高及居职者"的分配标准,北京应还存在其他等级的居住形式,进而以"六排三""八排十"来解释居住院落规模,认为"六排三"是元代形成的街坊形式,"八排十"是明清人口增多和院落规模缩减后产生的形式[14]。据此来看,元明清时期居住院落有一个规模缩减的过程,在这个过程中,院落规模随着居住情况的变化在发生动态的演进。

元至清中后期,北京老城范围内的人口处于波浪式增长过程,居住需求也随之变化。从元代"六排三"的八亩形制,以及明清时期的"八排十",到满汉分城时期汉民在外城居住,旗民在内城营建院落和王公贵族建设府邸,再到清中后期和民国时期汉民逐渐回归内城居住,都暗合着居住人口和居住空间需求的变化。反映到院落规模则表现出两个趋势:一是整体小型化,即院落平均规模逐渐减少;二是规模不断分化,大、中、小型居住院落交相混合。院落规模差异意味着居民阶层地位的差别,大致在清中后期至民国期间,北京老城中不同规模院落、不同阶层居民的混杂特征已经较为明显。

中华人民共和国成立以来,虽然一直存在院落合并、拆分以及调整的情况,但除去集中连片拆除更新的片区以外,院落规模总体上没有剧烈的变动,但院落规模与院落产权形成了很明显的耦合关系。各类公有产权院落规模总体较大,其中单位产公房院落的规模更大,相对地私有产权院落规模总体较小,单位产公房院落、直管公房院落、私房院落规模依次降低的特征比较明显。

在政府接收大中型非居住院落之外,院落产权和规模的耦合主要源于私有房屋的社会主义改造。根据1956年、1958年、1964年等时期私有房产社会主义改造的国家政策,以及北京市1958年的《北京市私房改造领导小组对私有出租房屋进行社会主义改造几个具体政策问题的规定》,出租房屋15间或225平方米两个

---

13. 邓奕、毛其智:《北京旧城社区形态构成的量化分析——对〈乾隆京城全图〉的解读》,《城市规划》2004年第5期,第61—67页。
14. 李菁、王贵祥:《清代北京城内的胡同与合院式住宅——对〈加摹乾隆京城全图〉中"六排三"与"八排十"的研究》,《世界建筑导报》2006年第7期,第6—11页。

要素（其后或扩展至房屋是一整所或10间以上者），是私有住房社会主义改造的重要指标。以"面积"和"间数"作为主要依据的改造标准，是形成"私房院落面积小、公房院落面积较大"耦合特征的起点。

> 改造起点。以出租房屋间数和平方米（建筑面积）结合计算。其出租房屋够十五间（自然间），不够二百二十五平方米，或是够二百二十五平方米不够十五间者都列入改造对象，予以改造。
>
> ——参考1958年《北京市私房改造领导小组对私有出租房屋进行社会主义改造几个具体政策问题的规定》

> 私房改造的形式。除少数大城市对私营房产公司和一些大房主实行公私合营以外，绝大多数是实行国家经租。经租的办法是，凡房主出租房屋的数量达到改造起点的，即将其出租房屋全部由国家统一经营，在一定时期内付给房主原房租20%～40%的固定租金。改造起点的规定，大城市一般是建筑面积150平方米（约合十间房），中等城市一般是100平方米（约合六七间房），小城市（包括镇）一般是50～100平方米（约合三至六间房）。按照上述办法，全国各城市和三分之一的镇进行了私房改造工作。纳入改造的私房共约有一亿平方米，这对于充分利用城市已有的房屋为社会主义建设事业服务，起了积极作用，取得了很大成绩。
>
> ——参考1964年《国家房产管理局关于私有出租房屋社会主义改造问题的报告》

院落产权和院落面积的耦合，进一步形成院落产权和院落内部家庭数量的耦合。由于私房院落形成了规模普遍较小的基本格局，其内部社会因素的复杂程度受到限定，这些私房院落在20世纪五六十年代应多为一院一户，户主子女成年后，则分为几个家庭共有，院落家庭数量相对较少。而公房院落普遍面积较大，1949年后的首批承租家庭数量多，继而产生的人口增殖、人户分离、外来人口租住等情况就更为复杂，院落家庭数量就更大。

根据西城区几个街道的实际调查数据，私房院落中的建筑总面积平均值在100

平方米左右，明显低于其他各类公有产权院落，但家庭数量的差异并不明显，私房院落中的平均户数在4户左右，与区直管公房和市区自管房的平均户数接近（表3.5、表3.6）。家庭数量差异不大的原因应主要有两点：一是私房院落变更产权归属的程序简单，户主子女成年后的分户情况比较直接地反映在调查数据中；二是公房承租家庭的户数主要以登记承租人为准，事实上的分户情况大多未能真实反映在统计数据中，公房院落中的实际居住家庭户数应普遍高于私房院落。

院落产权和规模的耦合是居住院落分化的起因，私房院落规模总体偏小，

表3.5 不同产权院落中建筑总面积的均值对比   单位：m²

范围	私房院落	直管公房院落	区属自管房院落	市属自管房院落	央属自管房院落
什刹海街道 5358个院落	101	152	272	447	686
大栅栏街道 3392个院落	98	149	114	181	183
椿树街道 857个院落	99	175	142	261	254
西长安街街道 1706个院落	107	167	307	309	478

资料来源：笔者根据2015年西城区房屋管理部门数据整理。
注：外国、外省市所属的院落，以及其他类型产权院落未统计在内。

表3.6 不同产权院落的平均家庭户数对比   单位：户

范围	私房院落	直管公房院落	区属自管房院落	市属自管房院落	央属自管房院落
什刹海街道 5358个院落	4	4	4	6	11
大栅栏街道 3392个院落	5	4	3	4	5
椿树街道 857个院落	4	4	3	3	6
西长安街街道 1706个院落	5	5	4	5	9

资料来源：笔者根据2015年西城区房屋管理部门数据整理。
注：外国、外省市所属的院落，以及其他类型产权院落未统计在内。

内部有血缘联系，社会关系相对简单，共识基础和自我管理能力相对较强；公房院落规模总体偏大，内部社会关系日益复杂，逐渐分化为住房条件、邻里关系、居住意愿大相径庭的"杂院"。这两类居住院落的分界虽然并不是绝对的、清晰的，但大致反映了不同产权居住院落的结构性差异。

(2) 公共投入、市场置换和自发改善

在保护类院落中的公共投入，是院落改善中一类突出的力量，各级文物保护单位、历史建筑，以及被划为保护修缮类的、遗产价值较为突出建筑的所在院落往往投入较多公共资金进行腾退修缮。毫无疑问，这些公共投入极大地改善了"具有重要价值"的院落，值得大书特书的案例不胜枚举。然而，由于公共资金总是有限度的，而且院落中居民外迁腾退的意愿和实际状况也千差万别，这些划定为保护类的院落并不能够全部地、无差别地得到修缮，保护状况的差异十分明显。一些院落，往往是高等级的文物保护单位，在腾退修缮后，建筑与院落空间得到了妥当地保护；也仍有一些院落，虽然具有较高的遗产价值，但由于长期被占用，使用单位的维护修缮措施不足，依然存在严重隐患；数量上占比最大的是中低保护等级的文物保护单位、历史建筑，以及未列入文物保护体系的、具有突出遗产价值的院落和建筑，往往存在居住密度过大或使用功能不合理的问题，却无法得到有效保护，甚至基本的维护亦力有不逮（图3.24、图3.25）。

另一方面，更大量的非保护类院落的保护方法尚未形成明确的标准，在实施过程中，虽然公共部门以高度、形式等要素进行控制，但仍然普遍存在对"传统风貌保护"的随意解读。虽然传统风貌保护并不适宜千篇一律，但由于具有基本底线控制作用的细化标准不足，这些院落的保护更新实践，事实上形成了一种无序的、主观性极强的"探索"（图3.26）。

市场置换的改善方式主要涉及私房院落。通过市场方式购买整个四合院的家庭，经济社会条件显然远高于原有居民，即使是仅购买单栋单间的居民家庭，由于这间住房往往并非其唯一住房，其家庭经济社会条件也属于中等偏上，因此通过市场方式发生的居民置换，一般会提高院落经济社会条件，空间环境也会随之改善。

图3.24 南锣鼓巷前鼓楼苑胡同7号
院，文物保护单位，作为酒店使用

图片来源：笔者摄于2014年。

图3.25 南锣鼓巷福祥胡同25号福
祥寺，文物保护单位，作为居住院
落使用

图片来源：笔者摄于2014年。

图3.26 鲜鱼口地区更新的居住
院落

图片来源：笔者摄于2015年。

2004年发布的《关于鼓励单位和个人购买北京旧城历史文化保护区四合院等房屋的试行规定》，通过取消购买者户籍限制，减免税费等方式，鼓励社会力量参与投资保护四合院。

"政策的推动是交易量上升的主要原因，从去年开始，四合院交易量就开始出现增长。今年2月以后，市场出现了井喷的行情，我们每天都要带好几拨儿客户去看十几个院子，很多客户都要排队等房子。"

"修缮四合院有三种类型：一是私人准备出售院子而自己请人修缮的，这主要是从买卖时的价格因素来考虑的，未修缮的残破的院子价格与修缮好的，每平方米可能会相差万元左右。二是私人购买后根据个人需要和用途进行修缮，比如作为个人住房的，就会增加洗手间、下水管线等设施。三是中介公司从私人那里买来四合院后，根据买家的要求进行修缮。

据了解，一套四合院平均每平方米建筑面积需要投入约3000元进行修缮，总花费少则几十万元，多的要几百万元。"[15]

——《北京青年报》2006年报道

居民自发改善主要涉及单位产公房和私房院落。私房院落由于规模较小，家庭数量少，而且往往存在亲属关系，更加容易形成共同改善的共识，因此自发改善的行动比较频繁。部分单位产公房也存在自发维护改善的诉求，"共同工作单位"的同事关系，甚至单位的统一组织，都是这些院落进行自发改善的推动力。即使随着时间推移，第一代居民的同事关系逐渐消失，代以第二代、第三代居民，这些家庭也更容易形成共同议事的自我决策。

与此相对应，直管公房院落和部分单位产公房院落中，一方面是直管公房仅依靠房屋管理部门进行简单维护，或者部分单位产公房院落所属单位已不具备组织修缮维护的能力，甚至单位主体已消失；另一方面是院落中的居民家庭依赖于房屋管理部门或单位的投入，家庭之间无法形成自我改善的共识，而且院落内公共空间利益博弈动力大于合作改善动力，这些院落就逐渐衰败为"大杂院"（图3.27）。

---

15. 《北京鼓励私人购买四合院 实现维修社会化》，《北京青年报》2006年5月29日。

图3.27 鲜鱼口地区未经更新改造的居住院落

图片来源：笔者摄于2018年。

（3）公共管理和自我治理

如果说院落分化的结构性动力来自于院落间规模和产权差异，直接动力来自保护更新方式差异、市场置换、家庭意愿诉求和经济社会条件差异，那么第三种动力则来自院落公共管理和自我治理，这是一种长时间潜移默化的内在影响。过去数十年来，公共管理主要聚焦于院落之外的公共空间和公共设施，院落内部的公共管理相对薄弱，而居民自我治理机制又不完善，这进一步加剧了院落之间的分化。

随着院落内部的社会—空间要素日益复杂，院落实际上已经社区化，然而公共部门长时间内既没有以直接管控的方式介入院落内部，也没有以"社区"的方式推动院落内部建立自我治理机制，居民家庭也缺乏自我组织的动力和能力，虽然局部地区有"院长"的设置，但在公共管理和院落自治两方面所能发挥的作用非常微弱，居民之间的博弈大于合作，院落内部的管治机制实质上处于自由发展的状况。在公共管理缺失的情况下，院落内部社会—空间的分化难以消弭，不同院落内部的分化程度不同，就形成了院落之间的差异。

另外，公共管理缺少对院落产权差异的适宜应对，也促成了院落的分化和衰败。不同产权院落分受不同交易和住房政策制度影响：直管公房和单位产公房不能上市交易，承租权不能转移；直管公房由房管部门负责日常维修养护；

单位产权房的维护责任人则较为模糊。在这种综合的限定条件下，院落人户分离程度的差异，事实上是院落转租转借和外来人口聚集程度的主要原因，也是院落空间环境优劣分化的主要原因，当公共管理采取放任态度，就意味着院落将随着人户分离程度差异而日渐分化。例如：根据《2007年北京市东城区人民政府工作报告》，2012—2016年，东城区清理直管公房转租转借5100间，2017年清理直管公房违规转租转借3321户，从侧面说明在过去较长时期内，这些灰色的、不纳入公共管理的转租转借行为，很大程度上决定了院落演化趋势和院落之间的分化。

第
四
章

马赛克街区

城市不是均质的，马赛克街区并非是褒贬的评价，也无须论其是非，但我们该如何看待历史文化街区不同片区之间巨大而明显的差异呢？回顾这20年，一些片区迅速地发生变化，更多片区却缓慢而持续地衰落。我们可以看到，空间行动决策、资金投入方式、居民去留、保护更新做法等因素，惊人地重塑了历史文化街区，出现了很多"试点""重点""示范""精品"，但相对于这些词汇，我们是否应该更加关注"均衡""普惠"呢？

每个历史文化街区都试图建立整体保护复兴的愿景和框架,但街区内部的两极分化现象却正在生成和加剧,局部片区发生了剧烈的变化,或是商业繁荣,或是环境迅速改善,或是整片成为高收入群体住区,而大部分处于较低一端片区的基础设施和居住状况却已经非常困难。这种两极分化包含了多重的社会与空间要素,不仅表现为物质空间环境的明显差异,也表现为生活、工作和消费群体之间的隔离甚或冲突状态。这种两极分化具有自我螺旋的趋势,当趋势形成之后,除非再度受到强有力的外部影响,它自身将延续向上或向下的趋势,好的愈好,差的愈差。

4.1 南锣鼓巷的三十年拼贴

在南锣鼓巷商业街上,看到雨儿胡同的牌子,转进胡同,一直向西,就走到玉河岸边,大约5分钟,会有截然不同的感受,有喧闹的商业街、日常生活的胡同和价值不菲的滨水院落,如果能够在中途走进一两处居住院落,或者能够向里张望一二,略略感受杂院居住的困窘,这种截然不同的感受,就会愈加强烈。

南锣鼓巷街区位于北京老城传统中轴线北段的东侧,"南锣鼓巷"既是这片历史文化街区的名字,也是这片历史文化街区中为人熟知的、商业繁华的骨干街巷的名字。南锣鼓巷街区以形成于元代的鱼骨状街巷胡同肌理最具特点,在历史上一直是重要的居住片区,明清时期有比较多的衙署、寺庙和府邸,1949年后,迁入了一些机关单位,但总体保持了传统的胡同四合院空间形态和以居住为主的功能(图4.1)。

南锣鼓巷街区的实践探索历时很长,1989年开始实施的菊儿胡同项目是有机更新理念的关键实践[1];21世纪以来,南锣鼓巷商业街日益繁华喧闹,并伴随

---

1. 吴良镛:《从"有机更新"走向新的"有机秩序"——北京旧城居住区整治途径(二)》,《建筑学报》1991年第2期,第7—13页。

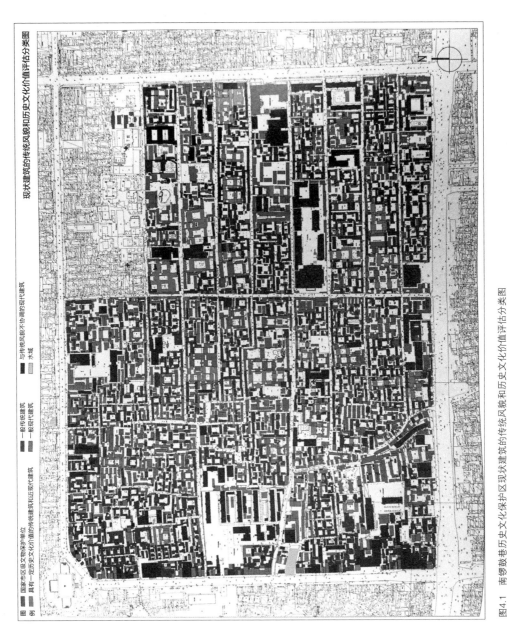

图4.1 南锣鼓巷历史文化保护区现状建筑的传统风貌和历史文化价值评估分类图

图片来源：北京市规划委员会. 北京旧城二十五片历史文化保护区保护规划 [M]. 北京：燕山出版社，2002.

着连续的环境和业态整治，其中2004年的改造以及随后几年持续整治的影响颇大；2007年，玉河沿岸的居民大量腾退外迁，随着河道恢复和沿岸院落拆除更新，形成了焕然一新的滨河景观；2016年，福祥社区四条胡同进行的申请式人口疏解，以及后续的"共生院"探索，重塑了这四条胡同的格局；除此之外的其他片区则大致处于基本维护的状态（图4.2）。

图4.2　南锣鼓巷部分重点实施片区分布

图片来源：石炀、李硕绘制。

（1）菊儿胡同

菊儿胡同位于南锣鼓巷街区的东北部，是通往南锣鼓巷的其中一条胡同。20世纪80年代，菊儿胡同两侧的居住院落凋敝，面临着普遍的居住困难，而且院落中密布着自建加建的房屋。1989年，菊儿胡同的一期工程启动，采取了一种"类四合院"的建筑形式（图4.3），即将四合院的建筑层数从1层提高至2～3层，试图在不减少居住家庭数量的情况下，通过增加高度、增加建筑面

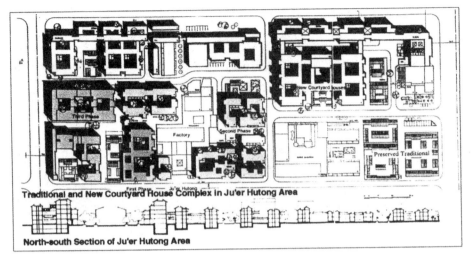

图4.3 菊儿胡同住宅改造总平面图

图片来源：清华大学建筑与城市研究所，引自方可．探索北京旧城居住区有机更新的适宜途径［D］．北京：清华大学，2000．

积、传承四合院风貌特征的建筑设计方式，提高居民居住面积和居住设施标准（表4.1）。虽然现在看来，以提高建筑高度至2～3层的方式来解决居住困难问题，未必是最适宜的空间形式（图4.4、图4.5），然而在20世纪90年代北京市大规模危改的背景下，菊儿胡同项目试图弥合传统空间形式与居民生活需求之间的裂痕，毫无疑问仍是同时代的前瞻性探索。

1993年，菊儿胡同项目因其"开创了在北京城中心进行城市更新的新途径"而获得联合国"世界人居奖"，"有机更新"也从此成为北京老城保护中不可替代的词语。然而，菊儿胡同后续的发展与项目初衷并不太吻合。菊儿胡同更新实施后，住房价格增高，在市场价格机制的作用下，高比例的高收入群体置入进来，在实施完成后"仅有三分之一迁回"[2]。

　　"17号至49号几处院落。从外面看去，二至三层的小楼，青瓦白墙，看上去有些徽派建筑风格，恍如到了江南。但那青色小瓦砌成的房脊屋檐，

---

2. 吴良镛：《从"有机更新"走向新的"有机秩序"——北京旧城居住区整治途径（二）》，《建筑学报》1991年第2期，第7—13页。

表4.1 菊儿胡同一期工程改造前后对照表

	改造前	改造后
院落数量	7个院	4个院
占地面积（m²）	2090	2090
家庭数量	44户	46套住宅
总建筑面积（m²）	1085	2760
人均居住面积（m²/人）	5.2	12
建筑数量（间）	64	92
拆建比	—	1:2.54
容积率	0.8（含自建房）	1.32
建筑层数（层）	1	2～3
户均居住标准	户均1.45间，24.66m²	1室户每套42.32m² 2室户每套60.20m² 3室户每套71.41m² 户均2间，60m²
生活设施	无独用卫生间、无独用上下水、无集中采暖	独用厨房、卫生间、暖气

资料来源：吴良镛. 从"有机更新"走向新的"有机秩序"：北京旧城居住区整治途径（二）［J］. 建筑学报，1991（2）：7-13.

图4.4 菊儿胡同41号院（菊儿胡同一期）

图片来源：笔者摄于2022年。

图4.5　菊儿胡同古坊酒店

图片来源：笔者摄于2022年。

又与两旁的老房子连成了一体，恰到好处地勾勒出北京胡同的'天际线'，以至于从远处眺望时，丝毫觉察不出这片建筑比周边明显高出一截。"……"格局上就是'长高了的四合院'，三层高的建筑四面围拢着一个小院子。楼不高，院子虽小却不压抑，像极了老北京的四合院，那么严整密实。"[3]

——《北京日报》2011年报道

（2）南锣鼓巷商业街

南锣鼓巷商业街是南锣鼓巷街区的骨干街巷，在元代曾是商业街；清代初期形成一条经营日常用品和生活服务行业的街巷，后又逐渐衰败；1949—2000年

3.《北京菊儿胡同：以旧城改造试点身份引起世界重视》，《北京日报》2011年11月22日。

期间，南锣鼓巷沿街的商业并不发达，较为知名的仅有沙井副食店等少数小门脸，主要是服务周边居民的零售业。1999年，一家名为"过客"的酒吧出现，随后更多的酒吧、咖啡馆出现，背包客多了起来，继而吸引了更多游客，南锣鼓巷逐渐以酒吧街的形象闻名[4]。

2004年，"街道引导社会投资改造院落44个（主要集中在南锣鼓巷沿街），搬迁疏散住户390户、1000多人"[5]。在2003—2006年，南锣鼓巷商业街区的商业发展迅速，而且商业内容开始发生变化。2006年，创可贴吧开业，标志着新一轮创意小店的兴起。根据2007年实地调查，当时南锣鼓巷的酒吧、咖啡店和其他文化创意小店已经多达七八十家，违章建筑也日渐增多。这些业态的迅速发展引起了政府部门的关注和反思，2006年，东城区政府开始拆除南锣鼓巷路边的违章建筑；2007年，开始对南锣鼓巷商业街的道路和两侧建筑进行整修，同时组织制订了《南锣鼓巷保护与发展规划（2006年—2020年）》，开始对沿街商业进行管控和引导。

2008年北京奥运会后，南锣鼓巷被《时代》周刊评为"亚洲25个必去风情体验地"之一，游客数量日益增多，销售工艺品、服装饰品及餐饮服务等类型的业态迅速膨胀，饰品店、饮品店和各类餐食服务占据了南锣鼓巷商业街的主流。2008年，市区政府共同筹资建立了"南锣鼓巷商业业态调整资金"，投入1300万元，试图扶助有特色、有创意并且符合南锣鼓巷历史文化底蕴的店铺。2009年，东城区政府提出更多引进创意工作坊、民俗工艺品店、会所、小剧场、书吧等业态，并有意引进一些与风貌保护相适宜的品牌店与连锁店[6]。2009年，我们对南锣鼓巷街区的商业再次开展了一轮调查，南锣鼓巷街区2009年的销售额大约1亿元，就业1000余人，全年累计客流大约160万人次，沿商业街的店铺总数达到183家，平均每6米面宽就有一家店铺，其中销售工艺品和服装饰品的店铺接近四成[7]。2009年至2016年期间，南锣鼓巷商业

---

4. 清华大学建筑学院：《北京旧城历史文化保护区土地利用与产业发展研究报告》，2010。
5. 吕斌：《南锣鼓巷基于社区的可持续再生实践——一种旧城历史街区保护与发展的模式》，《北京规划建设》2012年第6期，第14—20页。
6. 同上。
7. 清华大学建筑学院：《北京旧城历史文化保护区土地利用与产业发展研究报告》，2010。

街又进行了数次环境和业态整治，不过并没有扭转商业发展同质化的特点，时至今日，仍面临"创意逐渐流失，越来越流于商业化""文化关联薄弱，特色难寻"的问题[8]（图4.6）。

南锣鼓巷商业街的演变，是一个渐进式空间改善和商业发展的过程，政府部门出于突出文化和特色塑造目的，不断改善空间环境，并试图对商业业态进行管控和引导。但在这个过程中，市场、租金和逐利似乎占据着更大的话语权，大量缺乏文化内涵的商业，让南锣鼓巷饱受诟病。"主街近200家商户，老店屈指可数，其他的基本撑不到1年""卖水的最赚钱"，不断增长的客流不断挑战南锣鼓巷的承载力[9]。值得讨论的还有一点，除了出租沿街店铺的少数家庭之外，

图4.6 南锣鼓巷商业街的日常景象

图片来源：笔者2018年摄于南锣鼓巷商业街。

---

8. 2013年北京市历史文化街区保护规划实施评估资料（南锣鼓巷历史文化街区）。
9. 同上。

长期生活于此的绝大多数家庭并未因南锣鼓巷商业街的发展而获益，反而受到商业影响，面临着道路日益拥堵难走，社区服务小店被挤压而逐渐消亡，以及难以解决的噪声、垃圾甚至安全问题。

(3) 玉河沿线

玉河是北京老城"六海八水"历史河湖水系之一，形成于元代。玉河的南锣鼓巷段北起万宁桥，与前海相连，向南从南锣鼓巷西南侧穿过。在民国至中华人民共和国成立前后，这段河道逐渐断水，20世纪50年代改为暗渠，最终被填埋消失。作为标志性的古代漕运河道，玉河具有重要的历史文化价值，2002年《北京历史文化名城保护规划》即提出"御（玉）河（什刹海－平安大街段）予以恢复"[10]。2003年，玉河片区成为北京市历史文化街区保护的6个试点之一，并在2005年获批立项。在玉河历史文化保护工程实施过程中，以平安大街为边界，划分了南北两片，其中北区位于南锣鼓巷历史文化街区，南区则位于景山八片地区[11]。

2009年，玉河历史文化保护工程正式开工，在南锣鼓巷段按古河道原有走向进行了修复，工程完成后，玉河南锣鼓巷段的河道宽约18米，长约480米，并在河道两侧修建了4～7米宽度不等的步道，原址复建了詹天佑故居和雨儿桥，保留修缮了文保院落，系统保护了玉河沿线的历史文化遗产。

值得注意的是，这次工程沿玉河河道向外扩展划定了一个带状的改造区域，提出对区域里的居住院落进行集中外迁腾退和更新重建。实施过程中，这个带状区域内的居民大量迁出，腾退出的居住院落大部分进行了拆除重建，并进行了整体的地下空间利用（图4.7～图4.10）。更新改造后，这些院落多用于商业、文化设施和置入新居民。据非正式资料，玉河历史文化保护工程（含南北两片区）中，保护类、修缮类的院落面积大约1.7万平方米，迁建类的院落面积逾1100平方米，而更新（拆除重建）类的院落面积高达3.7万平方米[12]。

10.《北京历史文化名城保护规划》，2002。

11. 林楠、王葵：《北京玉河北段传统风貌修复》，《北京规划建设》2005年第4期，第52—56页。

12. 波士顿国际设计集团玉河项目资料。

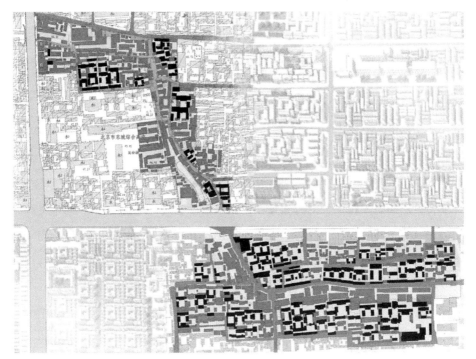

图4.7 玉河沿线保留和拆除的建筑（深色为保留建筑）

资料来源：波士顿国际设计集团玉河项目资料。

图4.8 2005年玉河沿线影像图

图片来源：谷歌影像。

图4.9 2008年玉河沿线影像图

图片来源：谷歌影像。

图4.10 2011年玉河沿线影像图

图片来源：谷歌影像。

经过3年左右的实施，玉河沿线地区迅速改变了河道无存、环境衰败的情况，优美的玉河河道重新展现出来，但与此同时，原有居民基本上完全迁出了这一片区，更加精致的文化活动和更高收入的居住群体置入进来，这里的社会和空间特性发生了结构性的转变（图4.11～图4.13）。

（4）福祥社区

南锣鼓巷历史文化街区包括鼓楼苑社区、菊儿社区、福祥社区和南锣鼓巷社区，福祥社区是其中一个典型的传统胡同四合院居住片区。20世纪90年代至2015年期间，社区内既没有经历重点的疏解腾退或修缮项目，也没有遭到明显的破坏，具有自然演进的特点。居住院落绝大多数是杂院，居住密度很高，人均住房面积在10平方米左右，院落中自建加建房密布，面临着北京老城居住院落普遍存在的居住困难。

2015年，东城区政府在福祥社区启动了南锣鼓巷四条胡同修缮整治项目，由东城区房地一中心（京诚集团的前身）实施，在雨儿、帽儿、蓑衣、福祥等四条胡同内进行申请式腾退和居住改善行动，实施对象主要集中在直管公房范围内，也包括少部分其他产权的房屋。居民可以自愿选择外迁或者留住，选择外迁的居民可以获得补偿金，并配以安置房购置指标；选择留下来的居民，可以通过申请方式参与改善，拆除自建加建房屋，并以极低成本在腾退空间中租赁房屋作为厨卫设施用房。这次申请式腾退和居住改善行动的范围涉及福祥、蓑衣、雨儿、帽儿四条胡同内的85个院落、662户居民，其中在59个院落中有居民签约外迁，累计签约407户，涉及人口1231人，房屋676间[13、14]。

在申请式腾退行动实施后，接近三分之二的居民离开了这四条胡同，迁往其他城区的安置房小区。随后，留住家庭的居住改善行动启动，京诚集团和政府部门试图在部分腾退房屋中引入新的居民、新的功能，并利用部分腾退房屋用于改善留住居民生活条件，探索谓之"新老建筑共生、新老居民共生和文化共

13.《东城区人民政府关于实施历史文化街区——南锣鼓巷地区保护复兴计划情况的报告》，2017。
14.《2018年北京市东城区人民政府工作报告》。

图4.11 玉河沿线规划设计效果图

图片来源：http://www.bidg.com.cn。

图4.12 改造之后玉河沿线的建筑

图片来源：笔者摄于2018年。

图4.13 改造之后玉河沿线的景观

图片来源：笔者摄于2018年。

生"的"共生院"，片区内形成了一批留住居民和置入功能混合共存的院落。虽然"共生院"内部新老居民之间、居民和新功能之间能否长久共生尚未可知，但房屋和院落环境在这个过程中得到了极大的改善。这些院落在两三年的时间里焕然一新，同时四条胡同也进行了环境整治，这个片区从院内到院外都发生了巨大的变化（图4.14～图4.17）。根据一份关于这个项目的报告，截至2017年年底，这个项目支出逾17亿元，相较于相邻的其他片区，这个片区完成了一次迅速的改善。

> "我们要好好珍惜今天的幸福生活！我在这儿住了六七十年了，住平房最大的不方便就是没有卫生间，尤其是冬天。但是这些年，变化很大！就说我们家，政府利用有限的空间精心设计出一个卫生间，除湿通风供暖一体，彻底解决住平房最大的烦恼。还设计了一套非常实用的包括灶台、碗柜、洗菜池的厨房设施，让老胡同居民过上了现代生活！如今这居住环境，就像画一样！"[15]

> ——胡同里的红色讲坛，北京市东城区委宣传部，2021年

> "四条胡同修缮整治项目于2015年8月正式启动，涉及福祥、蓑衣、雨儿、帽儿四条胡同内的662户居民、85个院落，以'政府推动、居民自愿、市场运作和平等协商'为原则，推出'自愿申请式腾退'模式，给居民提供了定向安置、货币补偿、平移置换以及留住修缮等菜单式选择。自2015年9月14日起，项目指挥部正式接受项目范围内居民腾退自愿申请，截至2016年12月31日，共接受四条胡同居民的腾退申请470户，涉及院落59个；累计签约407户，占发放申请表户数的61.5%，占四条胡同总户数的22.3%。签约房屋676.5间，建筑面积10 031.05平方米，涉及人口1231人，整院签约12个。截至目前，签约户中已腾空交接374户，腾空房屋612.5间，建筑面积

---

15. 胡同里的红色讲坛，北京市东城区委宣传部，2021年5月14日报道。资料来源：http://www.bjdch.gov.cn/n7434/n10406847/n10446588/n10493000/c10663166/content.html。

图4.14 改造前的雨儿胡同街景

图片来源：笔者摄于2014年。

图4.15 改造后的雨儿胡同街景

图片来源：笔者摄于2018年。

图4.16 改造前的雨儿胡同30号院

图片来源：笔者摄于2014年。

图4.17 改造后的雨儿胡同30号院

图片来源：吴晨. 老城历史街区保护更新与复兴视角下的共生院理念探讨：北京东城南锣鼓巷雨儿胡同修缮整治规划与设计[J]. 北京规划建设，2021（6）：179-186.

9063.04平方米。项目共筹集北苑城锦苑、金隅泰和园、康惠园、双合家园、溪城家园等现房房源623套，以及豆各庄期房房源240套；共使用现房498套，期房14套。项目自启动以来接收款项共18.2亿元。截至目前，项目实际支出17.67亿元，其中发放腾退补偿款10.32亿元（签约金额13.54亿元）。"[16]

——《东城区人民政府关于实施历史文化街区——南锣鼓巷地区保护复兴计划情况的报告》

（5）其他片区

上述片区之外，南锣鼓巷历史文化街区的其他片区基本以居住功能为主，长时间内采取的主要是普惠式、维护式的改善措施，例如曾实施"煤改电""一户一表"等行动，改善了基本生活条件，但这些措施并不足以扭转或

16.《东城区人民政府关于实施历史文化街区——南锣鼓巷地区保护复兴计划情况的报告》，2017。

缓解这些片区居住环境和建筑质量风貌的衰败（图4.18～图4.21）。根据2013年北京市建筑设计研究院做的保护规划实施评估，南锣鼓巷街区面临如下困境：①户籍人口约3万人，其中约1万人属于人户分离，常住户籍人口约2万人，外来人口约0.5万人，实住人口约2.5万人。居住密度约为2.8万人/平方公里，明显高于北京市中心城区平均水平，因而私搭乱建现象突出，背后反映着居住面积短缺的迫切需求。②在户籍人口中，60岁以上老年人比重近25%。③据不完全统计，居民拥有近800辆小汽车。虽然人均小汽车拥有率仅为北京市的五分之一，但停车容量已经逼近极限，胡同停满小汽车，"胡同景观"成为"汽车景观"。④居民、商户及居商之间各种矛盾日益显现[17]。

图4.18 南锣鼓巷居住院落内景

图片来源：笔者摄于2014年。

图4.19 南锣鼓巷居住院落内景

图片来源：笔者摄于2014年。

---

17. 2013年北京市历史文化街区保护规划实施评估资料（南锣鼓巷历史文化街区）。

图4.20 南锣鼓巷居住院落内景

图片来源：笔者摄于2018年。

图4.21 南锣鼓巷居住院落内景

图片来源：笔者摄于2018年。

4.2 南池子的争议

抛开"历史文化街区保护更新到底该采取何种方式"的争议，至少在近20年的时间里，南池子地区的不同片区之间，共存着差异巨大的生活状况和环境条件。好的，差的，一目了然，截然分明。

南池子历史文化街区[18]紧邻故宫东墙，南临长安街，历史上曾作为官署和库房，1912年，为了方便紫禁城东西两侧交通，民国政府打通了紫禁城南端的皇城城墙，使南池子和南长街有了面向长安街的独立出口。1917年，为了保持两条街道与周围风貌的一致性，又在街道南端砌起了砖石牌楼，并保持至今。南池子历史文化街区是北京划定的第一批25片历史文化街区之一，后整体划入皇城历史文化街区范围，《北京旧城二十五片历史文化保护区保护规划》中对其的描述是"比较幽静的、以居住为主的、作为故宫周边的传统民居背景的历史文化街区"[19]（图4.22）。

2001年以前，南池子地区大致由三种类型片区构成：旅游型商业片区，受故宫和王府井商业区影响，东华门大街和南河沿大街沿线与旅游的相关度很高；文化与办公设施片区，南池子地区许多与文化相关的文物古迹、机关单位、社会团体在历史上早已存在，有欧美同学会、外交学会、前外交官联谊会、民间组织团体国际交流学会、皇史宬等，主要集中在皇史宬以东片区；传统居住片区，占主要比例，分布在上述两类片区之外。

2001年，北京市政府将南池子历史文化街区作为历史文化街区房屋修缮和改建工作试点，主要实施了两个片区，一是菖蒲河公园及其周边片区，包括恢复菖蒲河，以及建设公园周边的商业、文化等公共设施；二是普度寺及其周边片区，进行了腾退和更新改造（表4.2，图4.23）。

---

18. 编制《北京旧城二十五片历史文化保护区保护规划》时，南池子历史文化保护区和东华门大街历史文化保护区为合并编制。一般情况下，南池子历史文化街区包括了南池子、东华门大街两个片区。为行文简明起见，文中以南池子历史文化街区代指南池子和东华门大街两个片区。
19. 北京市规划委员会：《北京旧城二十五片历史文化保护区保护规划》，燕山出版社，2002，第211页。

图例

■ 国家、市区级文物保
护单位

■ 具有一定历史文化价
值的传统建筑和近现
代建筑

■ 与传统风貌比较协调
的一般传统建筑

■ 与传统风貌比较协调
的现代建筑

■ 与传统风貌不协调的
建筑

图4.22　南池子历史文化街区现状建筑风貌评估分类图

图片来源：北京市规划委员会. 北京旧城二十五片历史文化保护区保护规划[M]. 北
京：燕山出版社，2002.

表4.2　南池子历史文化街区不同片区的保护实践

片　　区	投入方式	人口政策	更新方式	空间规模	利用方式
普度寺周边片区	政府投入/高	共计1076户 回迁307户	集中连片	约6.4公顷	居住
菖蒲河公园周边片区	政府投入/高	全部外迁	集中连片	约4.7公顷	公共设施
一般居住区	政府投入/低	无	简单维护	约10公顷	居住

资料来源：笔者根据项目实施资料与实地踏勘整理。

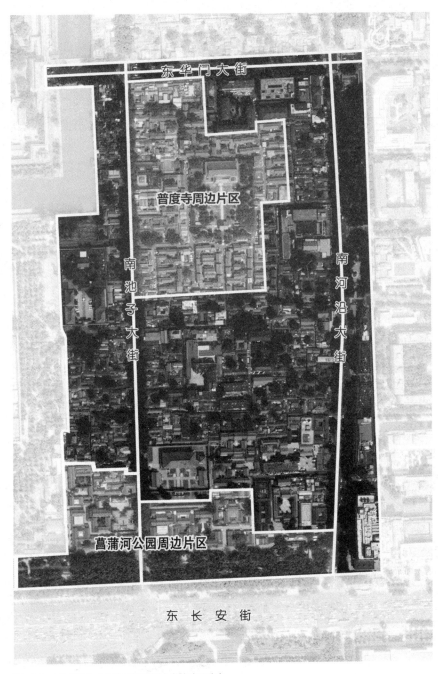

图4.23　南池子历史文化街区部分重点实施片区分布

图片来源：石炀、王文科绘制。

(1) 菖蒲河公园及其周边

菖蒲河原与护城河水系和六海水系相连通，20世纪60年代开始在其上加盖、搭建，并逐渐改为暗沟。2002年，北京市政府投资菖蒲河河道的恢复改造工作，腾退了占压河道的搭建房屋，恢复河道，并将河岸改造成菖蒲河公园。在腾退过程中，菖蒲河北岸居民腾退范围比恢复河道、建设公共设施所需的要大出许多，共计约4.7公顷范围的居民整体迁出；腾退之后，房屋进行了整体拆除，东城区筹建了皇城艺术馆、东苑戏楼等文化设施。而在这些设施周边，相继形成"天地一家"餐厅、茅台会、天趣园等场所，加上原就在此的欧美同学会等机构，沿菖蒲河北岸明显形成了相对集中的高收入、高消费和高社会地位人群的活动场所（图4.24、图4.25）。

在2010年笔者调查此地的时候，菖蒲河公园让人感觉还比较亲切，常常可以看到往来故宫的游客歇脚，也有附近的老人锻炼身体或者遛娃逗鸟。又过数年，已有机构在菖蒲河公园的东西两侧入口增加了伸缩门和门岗，虽然并非强制管理，但给出了一个清晰的暗示，即非请勿入或者请勿穿行（图4.26）。

图4.24　菖蒲河公园沿线的场所，茅台会
图片来源：笔者摄于2010年。

图4.25　菖蒲河公园沿线的场所，东苑戏楼
图片来源：笔者摄于2010年。

图4.26　栅栏围着的菖蒲河公园
图片来源：笔者摄于2018年。

(2) 普度寺及其周边

　　普度寺其址原为明代宫苑，清初曾是摄政王多尔衮的府邸，乾隆年间赐名普度寺，民国初改为学校，其间周边居住人口不断聚集，1984年被确定为北京市市级文物保护单位。2000年，北京市将普度寺腾退修缮纳入全市文物修缮工程计划。2001年9月，工程正式启动，东城区投资4000余万元腾退了普度寺台上的186户居民，撤并了占用普度寺大殿的南池子小学[20, 21]（图4.27）。

　　在这一时期，也是北京市政府将南池子地区列为北京老城历史文化保护区房屋修缮和改建试点之时，普度寺周边的居住片区被列为试点区域开始进行腾退改造。东城区成立了工程指挥部，经过权衡决定采取统一规划、设计和更新改造的方式（图4.28）。

　　自2002年起，普度寺及其周边的居住片区历时一年零三个半月，完成了改造工程，其中保留修缮了31个传统院落，其他院落拆除更新，改建为两层回迁新四合院，同时新建一批四合院（图4.29）。

---

20. 2013年8月6日《北京晚报》《北京一些古刹腾退十年仍未开放　有的被"二次占用"成会馆》报道。
21. 2003年8月19日《北京日报》《南池子重绽古都神韵》报道。

图4.27　腾退修缮后的普度寺

资料来源：笔者摄于2010年。

改造前建筑肌理

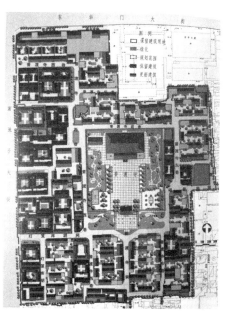

规划总平面

图4.28　普度寺及周边地区改造前情况和规划设计方案

图片来源：林楠，王葵．文化传承与城市发展：北京南池子历史文化保护区（试点）规划设计［J］．建筑学报，2003（11）：7-11.

图4.29 普度寺周边集中连片
改造的居住片区

资料来源：笔者摄于2010年。

　　这样的改造方式引起了剧烈的人口更替。根据设计单位总结，这个片区中
原住1060户居民，计划356户回迁，占比大约30%[22]；而根据实施单位总结，这个
片区"拆迁居民1076户""就地回迁290户"[23]。无论按照何种来源，显而易见
的是这个片区的居民结构发生了迅速而剧烈的变化。虽然没有新迁入居民的确切
资料，但根据新建住房条件、价格和当时北京市的家庭收入水平，可以判断新迁
入家庭均应为较高收入的家庭，留住居民、迁出居民和新迁入居民的经济社会条
件是有明显差距的（表4.3）。

表4.3　南池子历史文化保护区保护更新试点规划指标分析

指标名称	现状指标	规划指标	指标比较
总用地面积	6.39公顷	6.39公顷	—
总建筑面积	3万平方米	4.04万平方米	增加

---

22. 林楠、王葵：《文化传承与城市发展——北京南池子历史文化保护区（试点）规划设计》，《建筑学报》
2003年第11期，第7—11页。
23. 南池子工程指挥部：《南池子文保区修缮改建前后情况介绍》，《北京规划建设》2004年第2期，第98—
100页。

指标名称	现状指标	规划指标	指标比较
容积率	0.47	0.63	增加
建筑基底面积	2.7万平方米	2.66万平方米	降低
建筑密度	42.30%	41.60%	降低
住宅总户数	1060户	356户	减少约70%
居住总人数	3038人	1536人	减少约50%
人口密度	475人/公顷	240人/公顷	减少约50%
建筑"间"数	2179.5间	1908间	减少
院落空间	192个	103个	减少
道路占地面积	0.78公顷	1.08公顷	增加
建筑檐高	最低3米，占99.98%；最高9米，占0.01%	最低3米，占30%；最高6米，占70%	——
绿化率	无成型绿化	25%	增加

资料来源：笔者根据以下资料整理：林楠，王葵. 文化传承与城市发展：北京南池子历史文化保护区（试点）规划设计［J］. 建筑学报，2003（11）：7-11.

　　将南池子历史文化保护区修缮改建作为全市的试点工程，由东城区政府具体负责实施，东城区房地经营管理中心实际操作。该工程于2002年5月16日破土动工，2003年8月31日居民开始回迁，历时一年零三个半月。

　　修缮改建前基本情况：改造的四至范围为北起东华门大街以南，南至灯笼裤胡同，西起南池子大街以东，东至磁器库南北巷以西。该工程总规划占地6.4公顷，拆迁居民1076户（包括私房186户，标租户42户），人口3038人，房屋2358间，建筑面积32 763.17平方米。一期（庙[24]上）拆迁居民186户，二期拆迁居民890户。改造前房屋的破损率为91.78%，人口密度为每公顷475人，居民户均建筑面积为26.84平方米，保护区的居民大部分为中低收入阶层，享受国家困难补助的低保户为26户，困难户为102户。

---

24. 指普度寺。

修缮改建后状况：一、新建居民回迁二层住宅楼78栋，建筑面积为2.12万平方米，占地2.1公顷。其中一居室85套，二居室157套，三居室64套，四居室1套。二、新建四合院17处，建筑面积6900平方米，占地1.06公顷。三、商业回迁楼5600平方米（含地下一层），占地0.16公顷。四、地下车库5940平方米，161个停车位。五、配套公建200平方米，占地0.02公顷。六、保留院落31处，建筑面积达到6253.8平方米，占地1.02公顷。七、保留文物普度寺大庙占地1公顷。八、保留胡同9条，占地1.04公顷。九、改造后居民户均建筑面积达到69平方米。

安置办法及实际安置情况：在1076户拆迁居民中除去一期186户外，仅二期拆迁户中实际安置解决了1033户，包括分户、系产[25]的分别安置。（一）安置办法：一、就地安置；二、定向安置；三、异地安置；四、货币安置。（二）具体安置情况：一、就地回迁290户；二、定向安置194户（芍药居安置）；三、异地安置46户（百子湾安置）；四、货币安置461户；五、单位及商户42户。

——南池子工程指挥部《南池子文保区修缮改建前后情况介绍》[26]

普度寺及其周边地区的更新改造引起了一轮广泛的社会讨论，支持者认为站在改善居民生活的角度，在空间形式上做创新是必须的，反对者则认为大量院落拆除重建是一场"浩劫"。例如：舒乙曾评价这次更新改造的"得"在于重点文物得到保护修缮，积累了胡同基础设施改造经验，基本保持了胡同肌理并尝试降低人口密度，而"失"则是过多拆除了旧有的胡同、四合院[27]。时至今日，在可检索到的历史信息中，随处可见针对这次行动的不同观点，而最令人遗憾的是，这些争议至今没有催生出居住院落保护更新的一致理念和基本行为准则。

---

25. 系产应指析产。

26. 南池子工程指挥部：《南池子文保区修缮改建前后情况介绍》，《北京规划建设》2004年第2期，第98—100页。

27. 舒乙：《南池子的得与失》，《北京规划建设》2004年第2期，第114—116页。

（3）其他片区

在菖蒲河和普度寺两个片区发生剧烈变化的同时，南池子地区的其他居住片区则一直缓慢地演化着，既没有大规模的修缮维护，也没有进行人口住房的腾退改造。按照2002年《南池子历史文化保护区保护规划》时的调查数据，当时南池子地区有4351户居民，537个居住院落[28]，在菖蒲河和普度寺两个片区的更新改造中，涉及的院落接近一半，这一半院落剧变的同时，另外一半院落所处的片区中，院落基本仍处于典型的"杂院"形态，建筑质量风貌较差，加建情况严重（图4.30～图4.32）。

回顾南池子历史文化街区在21世纪初发生的变化，两个片区通过公共资金的投入、集中外迁居民、景观建设、商业引入和新居民置入，逐渐演变为具有优越景观的商业片区和具有良好居住条件的居住片区，而另一半居住片区则处于持续衰败的过程中。那么相较于"采取何种保护更新模式"，也许更加重要的一个问题是"采取何种方式来维持不同片区之间的基本平衡"，让历史文化街区中的每个片区都能有所改善，起码扭转持续衰败的趋势。

图4.30　南池子大街西侧未经集中连片改造的居住院落内景

图片来源：笔者摄于2010年。

---

28. 北京市规划委员会：《北京旧城二十五片历史文化保护区保护规划》，燕山出版社，2002，第209—210页。

图4.31　南池子大街西侧未经集中连片改造的居住片区

图片来源：笔者摄于2010年。

图4.32　南池子大街西侧未经集中连片改造的胡同

图片来源：笔者摄于2010年。

4.3 不同人的大栅栏

从前门大街的牌楼，沿着北京坊—煤市街—北火扇胡同—杨梅竹斜街—大栅栏街的线路穿行，能够感受到这里非常多样而差异巨大的面貌。21世纪以来的20年时间里，这种差异逐渐扩大，日益清晰。

因处于金中都与元大都的联系通道上，大栅栏地区在元代就已形成商业街市，至清代已是非常繁华的商业区，并且一直延续至今。在《北京旧城二十五片历史文化保护区保护规划》中，把它描述为"民俗旅游、老北京传统商业购物和居住相结合的综合性传统文化保护区"[29]。

被划定为历史文化街区之后，大栅栏地区在不同阶段、不同片区中采取了差别化的实施策略，并最终形成了现在的状况。在大栅栏街、大栅栏西街，传统特色商业街整治是主线，公共部门采取完善基础设施、整治街道环境的方法来带动传统商业。在北京坊片区（大栅栏C地块）中，通过居民整体外迁、空间整体改造更新和引入特定类型商业来形成集中的商业片区。在杨梅竹斜街片区，采取了以家庭为单位的申请式外迁，当居民外迁后，在散布的腾退空间中，引入商业和创意产业。在更早的时期，配合前门大街改造，大栅栏地区还实施了煤市街拓宽项目。而除了上述这些片区之外，大栅栏更多的传统居住片区则采取的是简单维护整治的方式，保持了自然演化的特点（图4.33）。

从资金来看，重点片区占据了大栅栏历史文化街区公共投入的主要比例，例如：2011年至2015年期间，在大栅栏C、H地块（北京坊片区和珠市口西大街片区）、杨梅竹斜街、珠粮街区、西河沿等重点片区计划投入的公共资金占大栅栏历史文化街区公共资金投入总量的近90%，实际投入资金占比也超过85%。根据不同渠道、不同口径的资料，这些重点片区在这5年内实际投入公共资金应超过50亿元，其中大部分资金应是用于安置外迁居民的货币补偿和安

---

29. 北京市规划委员会：《北京旧城二十五片历史文化保护区保护规划》，第277页。

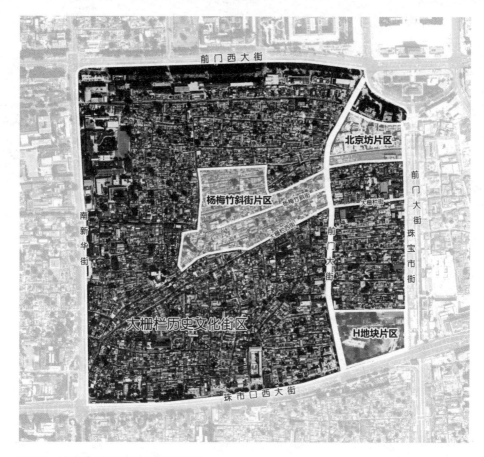

图4.33　大栅栏地区部分重点实施片区的分布

图片来源：石炀、王文科参考北京广安控股有限公司历史文化街区运营内容介绍绘制，www.gaholding.com.cn。

置房，另有部分资金用于房屋建设和街巷环境改善[30、31]。作为对比，这5年内大栅栏街道普惠式的综合修缮房屋约3万平方米，翻建房屋约5万平方米[32]，可测算公共投入约3亿元。重点片区公共投入远高于普惠式的公共投入，这是重点片区迅速改善的原因。

---

30. 大栅栏琉璃厂建设指挥部重点工作进展情况总结资料。
31. 马力：《200个重点项目总投资首次过万亿》，《新京报》2012年3月3日，http://epaper.bjnews.com.cn/html/2012-03/03/content_321533.htm?div=-1。
32. 北京宣房房屋经营公司"十二五"期间翻建及综合修缮情况总结资料。

从保护更新方式来看，与高额投入相对应，这些重点片区内的居民外迁比例都很高，例如杨梅竹斜街片区内约三分之一的居民外迁，在C、H地块基本将所有居民外迁，功能定位转为北京文化商业体验区（北京坊）和文化旅游服务保障区（H地块）[33]。而且因为资金投入大，这些重点片区都进行了高标准的基础设施和公共空间建设，引入精致的商业，整体环境条件远远优于其他片区，吸引了大量的消费者和游客。除了前述这些片区，大栅栏地区早期的煤市街拓宽项目和近年来的延寿街项目，也对局部片区产生了突出影响。可以清晰地看到，大栅栏历史文化街区的这些重点片区，已经与该地区其他片区之间产生了两极分化。"重点投入"与"普惠改善"之间的差距，或许是片区之间分化的根源。

（1）大栅栏街与大栅栏西街

作为北京市历史文化街区保护实施的6个试点地区之一，大栅栏地区自2003年先后编制了《北京大栅栏地区保护、整治与发展规划》（2003年）、《大栅栏地区保护、整治、复兴规划（煤市街以东地区）》（2004年）、《煤市街以西及东琉璃厂保护、整治、复兴规划设计》（2005年）、《大栅栏西街保护、整治、复兴规划》（2009年）[34]等规划方案。

2007年，大栅栏商业街正式启动了整体改造工程，把商业街周边建筑划分为文物修复、保护修缮、风貌整饰、改造整治等四类，按照不同保护更新方式进行了修缮、整治和改造，并于2008年北京奥运会开幕之前完工[35]。随着物质空间环境改善，大栅栏地区的商业氛围得到很大改观（图4.34、图4.35）。随后，2009年，大栅栏西街也开始进行环境整治，重点进行了历史建筑修复和市政基础设施改善[36]，进一步加强了大栅栏特色商业街的商业氛围。

在大栅栏街和大栅栏西街的整治过程（不含煤市街拓宽工程）中，没有进行大规模的居民外迁和住房更新，主要的实施内容是市政设施改善、历史建筑修

---

33. 北京广安控股有限公司历史文化街区运营内容介绍，www.gaholding.com.cn。

34. 2013年北京市历史文化街区保护规划实施评估资料（大栅栏历史文化街区）。

35. 王佳琳：《北京大栅栏恢复500年古街旧貌重新开街》，《新京报》2008年7月31日。

36. 2009年10月16日新华社报道《北京大栅栏西街修缮完毕正式开街》，http://www.chinadaily.com.cn/zgzx/2009-10/16/content_8805017.htm。

图4.34　大栅栏街整治前的情况

图片来源：《大栅栏地区保护、整治、复兴规划（煤市街以东地区）》。

图4.35 2008年大栅栏街整治完成

图片来源:2008年7月30日新华社报道《北京大栅栏商业街重张迎客》。http://www.gov.cn/jrzg/2008-07/30/content_1059896.htm.

复、商业街周边建筑的修缮和整治。经过数年的整治,大栅栏街和大栅栏西街的商业环境有了明显的改善,凌乱的各类电线埋入了地下,破败的房屋进行了修缮,虽然业态仍然不尽如人意,但老字号和一些有北京传统特色的店铺终究是保存了下来。

(2) 北京坊片区

与大栅栏街的整治同期,2006年,北京坊项目启动(图4.36、图4.37)。这一片区的居民开始整体外迁,同时开始拆除违建和搬迁商户。居民和商户整体外迁后,对劝业场、金店进行修缮,拆除了其他大部分建筑并新建8栋商业建筑。资料显示,北京坊项目总建筑面积14.5万平方米,其中新建建筑面积13.2万平方米,保留建筑面积1.3万平方米[37]。至2017年,北京坊片区正式全面开放,目标是成为"中国式生活体验区"。

在北京坊的改造过程中,采取了腾退外迁所有居民商户,整体进行更新改造,重新进行招商入驻的方式,在这一过程中,西城区属国有企业承担了腾退、建设和管理利用职责,投入了大量公共资金,北京坊片区迅速从衰败片区转向"时尚的新地标"(图4.38、图4.39)。

---

37. 北京广安控股有限公司历史文化街区运营内容介绍,www.gaholding.com.cn。

图4.36 腾退前的前门西河沿街
（北京坊片区北侧道路）

图片来源：《北京大栅栏地区保
护、整治与发展规划设计》。

图4.37 腾退前的廊房头条（北京
坊片区南侧道路）

图片来源：《北京大栅栏地区保
护、整治与发展规划设计》。

北京坊自开业以来，不断获得城市更新和商业活动中的奖项，例如：北京坊项目获"2018十大城市更新案例之老城复兴"奖[38]，星巴克甄选北京坊旗舰店荣获"2018十大城市微更新案例之新物种"奖[39]，北京坊获第八届（2018）中国商业地产年会卓越项目奖[40]，等等。

----

38. http://www.chinaurbanregeneration.org/sv1/common/page/show?name=7dd9e59c-036b-4027-95ac-8a2be460e253。

39. 同上。

40. 经济观察网第八届（2018）商业地产年会报道，www.eeo.com.cn。

图4.38　北京坊星巴克旗舰店
图片来源：笔者摄于2018年。

图4.39　北京坊PAGEONE书店
图片来源：笔者摄于2018年。

　　在北京劝业场的身后，青砖灰瓦间，是星巴克在北京的一家多重体验式旗舰店。一到三层的独栋空间分别对应咖啡、茶与酒，这里就像一个被放大的客厅空间。落座一楼，我看到铜制的棚顶倒映在大理石台面上，大厅一角有一幅用咖啡豆手工粘贴成的壁挂，颜色或深或浅的咖啡豆构成了太和殿屋顶和朵朵祥云，香气四散。窗外，是著名的老北京老字号——谦祥益。它依然保存着老店的风貌。古色古香的谦祥益承载了时代演变和过去的故事。喝过现代时尚的咖啡，还可以一头扎进巷子里，来挑选绫罗绸缎，订做衣衫。[41]

——人民网报道

---

41. 高瑞：《北京坊的生活味儿》，人民网2019年3月7日，http://culture.people.com.cn/n1/2019/0307/c1013-30962043.html。

2018年6月30日，MUJI HOTEL BEIJING[42]于天安门西南800米处的"中国式生活体验区"北京坊文化商业街区拉开帷幕，入住预订服务也同期在官方网站开启。该区域位于城市的历史文化街区之一，拥有众多历史遗存的胡同小巷贯穿其中，尽显文化底蕴；今天，这里汇聚了中西共融的文化创意商业，同时也是北京国际设计周的举办地之一。[43]

——人民网报道

在北京坊感受到的氛围和大栅栏街是大不相同的，这里更加时尚，更加整洁和现代化，是很多人拍照留念的适宜场景，常被形容为"精致"和"有文化气息"，也符合很多人心目中北京老城将"传统与现代"相结合的期望和审美情趣（图4.40）。然而，在很多老居民看来，这个片区跟他们的日常生活并没有丝毫联系。

图4.40　北京坊片区效果示意

图片来源：北京坊主页www.beijingfun.com.cn。

---

42. MUJI HOTEL BEIJING即北京无印良品酒店。

43.《无印良品全球第二家MUJI HOTEL登陆北京　预订服务已开启》，人民网2018年7月2日，http://lady.people.com.cn/n1/2018/0702/c1014-30099729.html。

(3) 杨梅竹斜街片区

2010年，西城区政府提出大栅栏更新计划，并于2011年正式启动，同样由西城区属国有企业来实施，主要区域是以杨梅竹斜街为核心的约8.8公顷的片区[44、45]。

杨梅竹斜街片区的保护实践，因北京国际设计周而被广泛传播。负责实施的大栅栏投资有限公司搭建了多方参与的大栅栏跨界中心，与北京国际设计周合作，举办大栅栏新街景计划、大栅栏领航员计划等一系列活动[46、47]，这些活动由于极具话题性而引起了广泛关注（图4.41）。例如："微杂院"的设计，提出再利用院落中的自建房，讲述一个富有感染力的院落故事，获得一项颇具影响力的国际奖项[48]（图4.42）；相比之下，"内盒院"的院落改造案例似乎更加实际和关注居民真实生活，探索在四合院中以模块化的方式来解决厨卫问题和房屋质量问题[49]。类似的院落改造项目在杨梅竹斜街片区层出不穷（图4.43），这得益于实施公司比较活跃的思想和吸引注意力的潜在动力。

在院落更新改造之外，杨梅竹斜街进行了目标明确的业态管理。适合青年人的餐饮、富有文艺气息的服装和工艺品、令人"感受"到老北京味道的书店，这些都属于管理者心目中的理想业态[50]。经过几年的耕耘，杨梅竹斜街成为了"10条北京最美街巷"之一（图4.44）。

杨梅竹斜街沿街的商业并不像大栅栏街那般密密麻麻遍布着招牌，而是稀稀落落，并不太喧闹，却又保持着适度的氛围。这种适度，与其说有意为之，也许更是来自现实条件，因为可供出租的房屋并非集中连片，而是分散分布在杨梅竹斜街片区之中。这些可供出租的房屋来自于2011年的申请式腾退，这项申请式腾退工作，或许才能真正解释杨梅竹斜街变化的深层原因。

---

44. 北京广安控股有限公司历史文化街区运营内容介绍，www.gaholding.com.cn。
45. 杨梅竹斜街片区北起耀武胡同，南至大栅栏西街，西起延寿街、桐梓胡同，东至杨威胡同、煤市街。
46. 贾蓉：《大栅栏更新计划——城市核心区有机更新模式》，《北京规划建设》2014年第6期，第98—104页。
47. 贾蓉：《老城复杂系统的集合影响力保护更新实践——以北京西城大栅栏更新计划为例》，《北京规划建设》2019年第S2期，第81—90页。
48. 张轲、张益凡：《共生与更新——标准营造"微杂院"》，《时代建筑》2016年第4期，第80—87页。
49.《内盒院》，《城市环境设计》2020年第2期，第118—121页。
50. 贾蓉：《北京大栅栏历史文化街区再生发展模式》，《北京规划建设》2016年第1期，第8—12页。

图4.41 2013年国际设计
周大栅栏展览活动地图

图片来源：贾蓉. 大栅栏更
新计划：城市核心区有机更
新模式［J］. 北京规划建
设，2014（6）：98-104.

图4.42 微杂院

图片来源：张轲，张益凡.
共生与更新：标准营造"微
杂院"［J］. 时代建筑，
2016（4）：80-87.

图4.43　微胡同
图片来源：笔者摄于2019年。

图4.44　杨梅竹斜街街景
图片来源：2018年11月27日《北京日报》《评出来了！北京人心中最美的街巷是这10条街！您逛过几个？》报道。

　　2011年之前，杨梅竹斜街片区中的居民有1711户，单位70个。在2011—2013年期间，大栅栏投资有限公司投入公共财政资金十余亿元，通过以"家庭为单位申请，协议腾退"的方式，外迁腾退居民614户，约占片区内居民的三分之一，随后进行了片区内的市政基础设施改造和环境整治[51]。在这个过程中，由于以家庭为单位进行申请式腾退，其中仅有十余个院落是居民家庭全部外迁，其余院落均为部分家庭外迁、部分家庭留住的状态。

51. 贾蓉：《大栅栏更新计划——城市核心区有机更新模式》，《北京规划建设》2014年第6期，第98—104页。

这是北京市第一次正式采取"家庭为单位"的申请式外迁方式。自此开始的十年时间中，申请式腾退、申请式改善、申请式退租成为北京老城院落保护更新的主要方法，催生了一批新设计和新概念。然而十年以后，散布在杨梅竹斜街片区的腾退房屋，依然在探寻适宜的利用之法。

（4）其他片区

除了前述三个片区外，大栅栏地区的其他一些片区也进行了重点投入，发生了较大的变化，例如更早时间配合前门大街改造进行的煤市街拓宽工程、仍在进行的大栅栏H地块工程等（图4.45）。在这些"重点"片区之外，则是大栅栏地区占主要比例的传统居住片区，由于普惠式的改善内容基本局限于煤改电、公房维护等内容，在长时间内，这些未被重点项目波及的传统居住片区基本处于持续的衰败过程中（图4.46）。

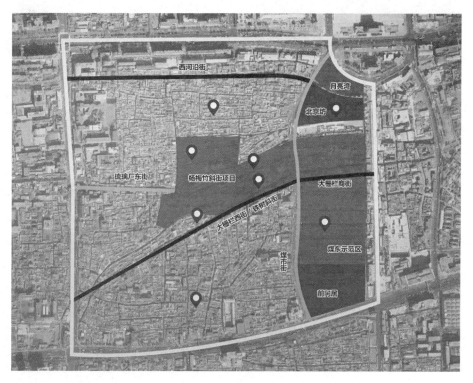

图4.45　大栅栏地区重点实施项目

图片来源：笔者2019年摄于大栅栏城市生活体验馆展板。

图4.46　大栅栏地区居住片区内的院落

图片来源：笔者摄于2019年。

　　2013年，中国城市规划设计研究院对大栅栏历史文化街区进行的保护
规划实施评估中提出：人户分离比例从2002年的35%提高到2012年的54%，
实际居住的户籍人口12年间减少26%。常住人口数量减少8%，外来人口却不
断增加。住房面积非常紧张。居民生活条件亟待改善，居住拥挤，院落内部
加建普遍，基本没有入户、入院的独立卫生间，公共活动场地不足，改善和
提高街区居民生活条件和人居环境质量的目标基本未实现。机动车交通对街
区保护压力较大，沿街巷胡同停车对居民生活环境影响较大。大部分地区尚
未实现市政架空线入地，市政设备箱沿建筑外墙设置现象普遍，沿街巷设置
的箱式变压器尺寸大、数量多，占据了较多街巷空间，影响街区风貌。[52]

52. 2013年北京市历史文化街区保护规划实施评估资料（大栅栏历史文化街区）。

4.4 鲜鱼口的三条道路

在十余年时间里，前门大街、前门东路、草厂三条这三条道路划分着鲜鱼口地区自西向东的三个世界。前门大街和前门东路之间，是为人熟知的"鲜鱼口"——美食街和精美的会馆；前门东路和草厂三条之间，可以称其长巷片区，曾试图将居民全部迁出而不得，腾空的房屋上长着杂草，留住的居民稀稀落落，一度被人称为"鬼城"；草厂三条以东，规整的院落和胡同已经修葺一新，整洁光鲜的照片是媒体的常客。

在划定历史文化保护区之初，鲜鱼口历史文化保护区的范围是西至前门大街，东至草厂十条，北至西打磨厂街、西兴隆街，南至大江胡同和一条新开的规划路。其中鲜鱼口街、草厂三条至十条是重点保护区，其余是建设控制区（图4.47）。

鲜鱼口地区沿古三里河走向形成的弧形街巷和南北胡同特色非常鲜明，在历史上商业与居住混合，保留着大量文物建筑、会馆、庙宇、老字号和传统胡同和四合院。在鲜鱼口历史文化保护区保护规划中，按照城市一般地区的方式，规划了一系列的宽敞平直的城市道路[53]，例如：南北向规划新增25米宽的前门东路，南沿打通35米宽的正义路，东西向拓宽西打磨厂街、西兴隆街等。在规划中，这些平直的大马路把鲜鱼口地区切成了三大片和很多小地块。第一大片是前门东路和前门大街之间的片区，规划中把这一片区的土地全部调整成了商业用地，也就意味着准备全部迁出居民，发展成为纯粹商业型的片区；第二大片则是前门东路和正义路南沿线之间的片区，这一片区在保护规划中未被列入重点保护区，规划中也大胆地增加了集中连片的商业地区；第三大片是正义路南延线以东片区，由于主体部分是草厂三条至十条之间的重点保护区，这一片区保留了以居住为主的功能（图4.48）。

---

53. 北京市规划委员会：《北京旧城二十五片历史文化保护区保护规划》，燕山出版社，2002，第374页。

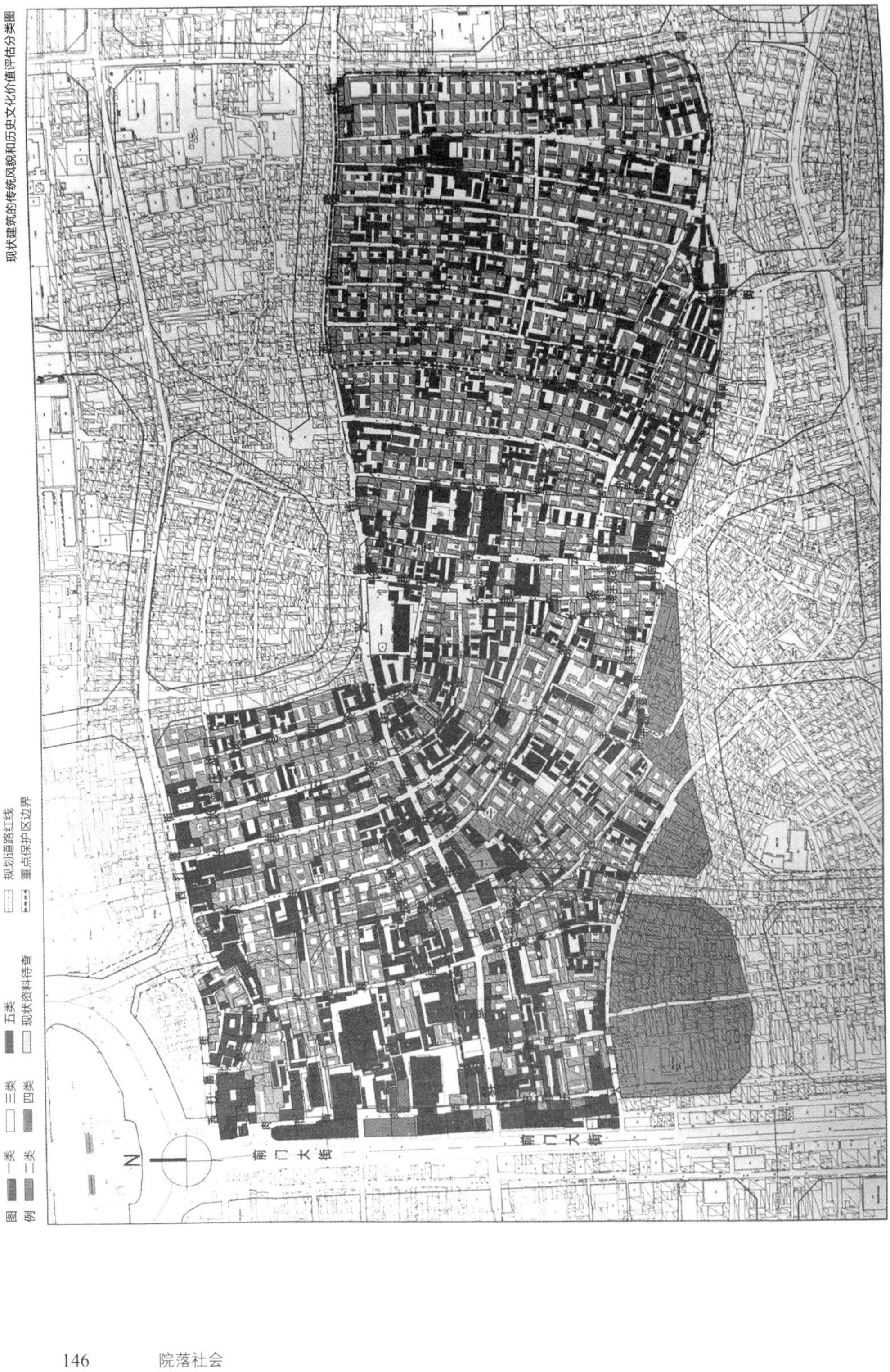

现状建筑的传统风貌和历史文化价值评估分类图
图例
一类
二类
三类
四类
五类
现状资料待查
规划道路红线
重点保护区边界
N
前门大街
前门大街

图4.47 鲜鱼口历史文化保护区现状建筑风貌评估分类图

图片来源：北京市规划委员会．北京旧城二十五片历史文化保护区保护规划［M］．北京：燕山出版社，2002.

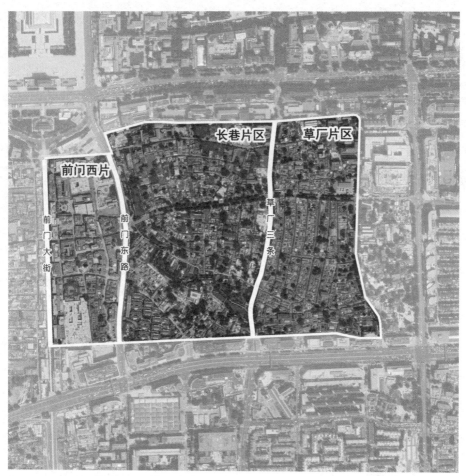

图4.48　鲜鱼口地区的三条道路和三个片区

图片来源：石炀、李硕绘制。

　　2003年，鲜鱼口地区也成为北京市历史文化街区保护更新的6个试点地区之
一。自2003年起，先后制订了《北京前门地区保护整治与发展规划设计综合方
案》（2003年）、《前门大街及东片保护整治发展规划》（2005年）、《前门东
侧路以东地区保护整治规划》（2005年）一系列规划。规划中，再次明确了打通
前门东路的计划，但正义路南延、西打磨厂街和西兴隆街的打通拓宽计划略有调
整，新的道路规划采取了延续原有街巷胡同格局的策略，正义路南延线大致改在
草厂三条的位置（早期规划中正义路南延线大致在草厂头条附近），道路宽度也

略有缩窄。至此，鲜鱼口地区南北向的三条分界线——前门大街、前门东路和草厂三条（正义路南延线），开始显现。

2006年，规划的前门东路动工，开始拆除路线上的胡同和院落，并向西延伸拓展，开始集中连片地拆除前门东路和前门大街之间的区域，整个鲜鱼口地区雄心勃勃的外迁腾退计划的大幕拉开了。

> 前门地区建设取得重大成果，累计投入130多亿元，搬迁居民近1.7万户、企业534家。这是近600年来前门地区最大规模、最全面、最彻底的修缮整治工程，也是新中国成立以来北京市最大的历史文化保护工程。继前门大街全面开市后，鲜鱼口美食街修缮一新，台湾会馆重张，台湾文化商务区建成开街。前门大街被命名为"中国著名商业街"，是王府井大街之后，北京市第二条获此殊荣的商业街。[54]

—— 《2011年北京市东城区人民政府工作报告》

（1）前门大街

前门大街，原名正阳门大街，北至正阳门箭楼，南至珠市口大街，是北京传统中轴线上重要的一条特色商业街。据记载，前门大街在明崇祯年间成为正式商业街市，清代是重要的商业街，至民国时期，前门大街愈加繁华，建筑样式中西混合，洋行百货店层出不穷。至20世纪末，前门大街依然是重要的商业街道，有全聚德烤鸭店、大北照相馆等著名老字号，但大部分店铺已是日常的小商品店铺，建筑质量风貌颇为混杂和破败，各类设施也已不堪重负[55]。

2003年，原崇文区政府启动了整治前门大街的计划，并征集国内外的设计方案，经过了四年左右的反复波折[56]，最终由区属国有企业北京天街置业发展有限公司负责实施，在2007年5月动工，历时1年多基本完成，在2008年奥运会

54.《2011年北京市东城区人民政府工作报告》。

55. 王世仁：《在发展中保护古都风貌的一次实践——前门大街改造纪事》，《当代北京研究》2010年第1期，第34—36页。

56. 业祖润、边志杰、段炼：《北京前门历史文化街区保护、整治与发展规划》，《北京规划建设》2005年第4期，第33—41页。

开幕前开街迎客[57]（图4.49）。

　　前门大街改造的实施方案是参考1957年拍摄的一套前门大街照片，对沿街建筑进行"推断性重建"，用"现代功能与传统风貌相结合"的方法进行设计[58]。在实际实施中，所有的建筑大致分为四类，其中参照文物标准修缮的建筑、保留并进行立面整治的大体量建筑、保持提升的原有仿古建筑等三类建筑共占总量的一半左右，这些房屋得以保留和修缮改造；而另外一半的房屋则被认定为"危房"，进行了拆除和重建，简言之是"留一半拆一半"[59]。同时，市政管线都进行了入地和提升，要达到"50年不再开挖"。改造后的前门大街焕然一新，支持者将前门大街改造工程称为"再现天街"，反对者则称前门大街是"赝品街"[60]。

图4.49　前门大街街景

图片来源：笔者摄于2013年。

57. 2008年8月7日新华社报道《北京前门大街正式开街》，http://www.gov.cn/ztzl/beijing2008/content_1066909.htm。

58. 文爱平：《北京前门大街全面整治方案出台始末》，《北京规划建设》2009年第6期，第85—86页。

59. 王世仁：《在发展中保护古都风貌的一次实践——前门大街改造纪事》，《当代北京研究》2010年第1期，第34—36页。

60. 朱祖希：《前门大街就是前门大街》，《群言》2008年第4期，第42—44页。

根据天街置业有限公司介绍，前门大街改造工程的总投资为19.8亿元。主要包括两大部分：主要部分是企业和少量住户的搬迁补偿，占比超过70%；另一部分则是前门大街两侧52个单体建筑的建设修缮，街道市政基础设施改善和石材铺装、景观建设[61]。

（2）前门东路和前门西片

前门大街和前门东路之间，是被称为"前门西片"的区域。2006年至2008年，天街公司在前门西片实施了集中连片的人口外迁，将5700户居民全部外迁，拆除了鲜鱼口街南北两侧的大部分建筑。2009年，前门西片开始进行建设，并于2011年完成了部分工程，鲜鱼口美食街开街（图4.50）。据2013年的统计数据，2012年该地区接待客流5500万人次，日均15万人次。随后，鲜鱼口街南侧重建基本完成，以台湾会馆为基础，试图作为台湾文化商务区（图4.51）。这一片区的实施理念被概括为"人口外迁原貌重建"。截至2013年，这一片区已投入资金逾60亿元，其中腾退外迁补偿费用约30亿元，而其后的后续建设仍需数十亿资金。[62、63、64]

《东城区"十二五"期间前门历史文化展示区建设发展规划》为前门西片设立了这样的目标：依托前门大街形成"一街四区"格局，打造集老字号企业、购物餐饮、休闲娱乐、台湾特色于一体的老北京商业旅游体验区。将前门大街打造为"以老字号和中华民族品牌为主题，以国际知名品牌为亮点"的特色商业步行街；以广和查楼、广和剧场、天乐园为重点带动形成民族传统戏曲主题区；将鲜鱼口胡同及周边打造成老字号餐饮、老北京小吃最集中的特色商业街区；以台湾会馆为基础，打造台湾文化创意产业、优秀商业、商贸旅游发展平台，形成台湾文化商务区；依托刘老根

---

61. 2008年7月29日中国新闻网《前门大街修缮保护工程总计投入资金19.8亿元》报道。
62. 2013年北京市历史文化街区保护规划实施评估资料（鲜鱼口历史文化街区）。
63. 2009年11月13日千龙网《崇文区投资100亿开发前门保护区四大文化》报道。
64. 2008年7月29日中国新闻网《前门大街修缮保护工程总计投入资金19.8亿元》报道。

图4.50　鲜鱼口街

图片来源：笔者摄于2013年。

图4.51　前门西片

图片来源：笔者摄于2013年。

大舞台，形成集茶馆、戏院等民俗文化表演和现代影院、动漫城等休闲场所为一体的时尚娱乐区域。[65]

（3）草厂三条的东西两侧

与前门大街和鲜鱼口街南北两侧片区的改造基本同步，2006年开始，区属国企大前门投资经营有限公司负责前门东路以东区域的实施，同样试图采取全部迁出居民的方法。根据后期的评估资料，截至2009年，前门东路以东区域外迁约

65.《东城区"十二五"期间前门历史文化展示区建设发展规划》。

75%的居民，逾10 700户家庭和240家企事业单位迁出，为此，大前门投资经营有限公司累计投入公共资金超过50亿元，而据测算，后续建设还需投入近50亿元[66]（图4.52）。

根据实施方式和进度的差别，前门东路以东区域以正义路南延或草厂三条为界，可以划分为东西两个片区——草厂片区和长巷片区（图4.53）。

东片区即草厂片区，于2008—2009年期间以"人房分离成片修缮"的方式，集中连片按照原肌理进行了房屋修缮工作。据统计，在2008—2010年期间，政府投入完成了这个片区内逾700个院落的房屋修缮，修缮面积达8.6万平方米，完成了草厂三条至十条等胡同的整治和市政基础设施改造。草厂片区成为整体修缮、保持胡同肌理和传承院落传统风貌的代表性地区（图4.54）。

而在西片区，即长巷片区，自西向东从长巷头条到五条，再向东到草厂二条，这些正义路南延西侧的大范围居住片区中，依然分散留住了约3500户居民。预先计划的集中连片修缮工作长期停滞，而由于大多数居民已经外迁，这一地区中大量院落处于空置荒废状态，街巷胡同内长时间是一派荒凉景象（图4.55、图4.56）。2016年，东城区政府开始在三里河沿线进行环境整治，在北起西打磨厂街，南至茶食街，西起前门东路，东至长巷二条、正义路南延，总长约0.9公里的范围内，建筑进行重建或彻底翻修，三里河水系和沿线绿化形成了"水穿街巷"的景观，三里河沿线片区从空置荒废状态迅速变为一道亮丽的风景线，与周边衰败而尚未维护利用的片区形成了巨大的反差（图4.57、图4.58）。

> 询问："请问东城区鲜鱼口长巷三条是否列入拆迁改造计划？目前胡同内房屋质量和线路老化严重，存在安全隐患，部分房屋已拆迁，到处是拆迁后的废墟。仍居住在这里的老百姓每天生活在不整洁的环境中，生活质量得不到保障，恳请相关部门给予关注和回复。"
>
> 答复：因前门街道不是拆迁工作的主责单位，不掌握具体的拆迁计划和相关政策。据了解，目前长巷三条没有动迁计划。关于案卷中所述地区

---

66. 2013年北京市历史文化街区保护规划实施评估资料（鲜鱼口历史文化街区）。

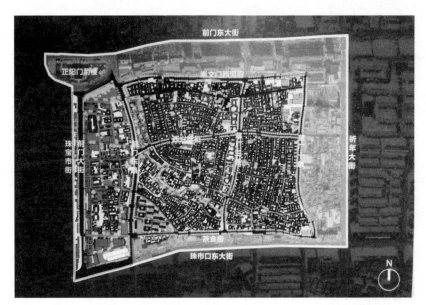

图4.52　鲜鱼口地区发展愿景

图片来源：笔者2020年摄于老胡同新生活前门展览中心。

图4.53　鲜鱼口地区保护更新实施脉络回顾

图片来源：笔者2020年摄于老胡同新生活前门展览中心。

图4.54　草厂四条

图片来源：笔者摄于2020年。

图4.55　居民腾退后的长巷片区景象1

图片来源：笔者摄于2013年。

图4.56　居民腾退后的长巷片区景象2

图片来源：笔者摄于2013年。

图4.57 整治后的三里河沿线1
图片来源：笔者摄于2020年。

图4.58 整治后的三里河沿线2
图片来源：笔者摄于2020年。

房屋质量及线路老化问题，如是公房建议居民及时与房管所联系报备将排期进行维修；私房户则尽早自行处理或承担相应维修费用。街道办事处及前门房管所每年汛期前都会对地区房屋做相应排查，对出现问题的公房及时进行维修，对私房下达告知书，提醒房主及时处理。另案卷所述拆迁后废墟及环境不整洁一事不属实。前门街道辖区内拆迁地区均已做到渣土及时苫盖和清运，且所有街巷随着前门地区整体风貌保护工程逐步完成环境提升。

——人民网地方领导留言板中2018年2月的咨询与回复

4.5 "试点"和"重点"

前述这些典型的例子，大多来自于"试点""重点"片区，它们试图探索经验或发挥带动作用，但似乎反而促成了不同片区的两极分化，少量片区迅速改善和大量居住片区的衰败同时发生，"二八"现象已经非常明显。在很多讨论中，经常听到"这样不可持续吧"的感叹。这句话很珍贵，它反复提醒我们，当重点片区投放过多特别政策和资金时，它们与一般片区就很容易失衡。

在公共资源的配置过程中，某些片区获得更多公共资源，则意味着其他片区的机会降低或失去。假如将公共资源投入区分为两个方向——"普惠"性质的整体提升和"重点"片区的优先投入，在资源总量有限的前提下，目前来看，后者在长时间里占据了过高比例。在玉河片区、南锣鼓巷福祥社区、北京坊片区、杨梅竹斜街片区以及鲜鱼口地区，动辄即是十多亿元的投入，稍大规模的片区就升至二三十亿元，最多的预算计划甚至超过百亿元。

如此规模的公共资金投入，聚集于规模并不大的片区之中，很容易就会采取集中连片的、政府主导的、短时间内迅速更新改造的方式，这种方式以前门大街—鲜鱼口地区最为典型，玉河片区、普度寺片区、菖蒲河片区和北京坊片区也都可以归于此类。这种方式的实施时间短、见效快，可以有效改善市政设施条件和建筑质量，可以实施具有一定规模的公共空间、绿地公园，也可以一次性解决产权等历史遗留问题。但同时，这种方式也存在诸多问题：首先是公共投入十分巨大；其次是在实施过程中，分散的意愿和试图迅速达成某种目标的决策很难完全一致，实施过程反而容易波折；最后则是容易激化社会矛盾，往往预期目标并不能真正实现。

经过反复的总结经验之后，这种在小范围内集中连片实施的做法开始发生转变，转而采取申请式的投入方式，杨梅竹斜街、什刹海地区、白塔寺地区、南锣鼓巷福祥社区等都可以归为此类。这种改良后的投入方式最大程度上尊重了居民意愿，但似乎从一个极端走向了另一个极端。完全由居民意愿决定的外迁方式，导致形成了大量分散化的腾退空间，后续的持续利用却没有寻找到好的出路。此外，由于仍以腾退外迁作为目标和主要措施，这种方式依然需要投入大规模的公共资金。

这些重点片区在改造更新后，居住成本必然迅速提高，本地普通居民很难承担回迁的成本，而地处核心地区的区位优势和传统四合院形式的独特性，很容易吸引高收入群体置入，或者聚集大量游客和消费者。物质空间环境、公共设施和商业设施迅速提升之后，带来的往往是快速的绅士化或者商业化。或许这些重点片区通过巨大财政投入，只是实现了以"高端"商业或"高尚"居住带动的"复兴"。

在这些重点地区的优先投入之外，其他传统居住片区多年来的投入往往在于街巷胡同环境整治，基础设施建设和直管公房修缮维护等方面，这些方面虽然具有积极的影响，但总体看来只是日常的维护，解决的也仅仅是底线问题，最基础的居住困难问题仍然无法有效解决，传统居住片区持续衰败的趋势仍然未能扭转。

第五章

院落社会，多样性还是碎片化

北京老城或者每个历史文化街区，都可以看作一个有机的整体，在这个整体内部，天然存在着秩序和差异，这种多样性，让老城富有魅力。然而，这种差异应当保持在一定的界线之内，尤其是处于较低位置的下限，超过这个界线，北京老城多样性之美的本质就被破坏了。从这个角度来看，北京老城最有特色的院落社会正面临碎片化的威胁，因为最困难片区、最困难院落、最困难家庭的困难程度超出了适宜的下限。院落中的最困难家庭，片区中的最困难院落，街区中的最困难片区，都还没有得到有效的改善。

北京骨子里的城市特质是包容，是兼容并蓄和交融而生。1949年以来，北京老城始终保持着混合居住的特点，不断融入新的人群。在任何一个历史文化街区中，都混居着不同迁入时间、不同教育水平、不同收入水平的居民家庭，这是北京老城深入骨髓的包容性格和多样性基石，独具魅力，也带来了传续的文脉和不竭的活力。

但是，这种包容和多样性并不应是无限度的差别，而应存在着一个基础前置条件，这个基础应是"合理的差别界线"。这一界线的下限，来自于人的基本的、合理的生活需要，超出了这个界线，尤其是当较差一端的占比偏大，包容就畸变为排斥，多样性就畸变为两极分化和割裂。

目前，历史文化街区正面临这种威胁，很大一部分困难的家庭、困难的院落、困难的片区已经达到或者接近了需要提供保障的基本界线，这些困难的家庭、困难的院落、困难的片区，在空间上与"好"的另一端交织错落，又缺乏交流和互动。这种两极分化和空间马赛克分布状况应已不是适宜的多样性，而是一种碎片化（图5.1）。

这种碎片化是双重维度的，它包含了空间的要素，如公共空间、胡同风貌、市政设施、院落环境、建筑质量和家庭基本生活设施等，又包含了社会的要素，如邻里关系、家庭经济社会条件、居住或外迁意愿，等等。这种碎片化是多尺度的，既在微观尺度以家庭、院落为单元表现出来明显的分化，又在整体角度表现为片区之间的明显拼贴。这些不同尺度的碎片化问题相互影响，形成一种交叠嵌套的现象。更重要的是，这种碎片化具有自我螺旋向下的动力，两极分化与割裂冲突的程度愈深，马赛克的程度愈重，愈难寻找到适宜的政策、行动或治理方法，扭转向下趋势的难度就愈大，进而日益分化。

这种碎片化虽然来自于不同历史时期的层叠和演变，但区别于任何一个历史时期。这种碎片化并非本质地、系统性地、器质性地彼此隔绝或者破坏，而是阶段性的、可调节的、功能性的过大差异和非均衡状态。

封建社会时期，在皇权和封建等级制度影响下，北京老城处于"阶级差异下的不平等秩序"之中，阶级之间的极化和隔离是本质性的、不可弥合的矛盾。在民国时期，这种阶级之间的极化和隔离依然是本质性的。

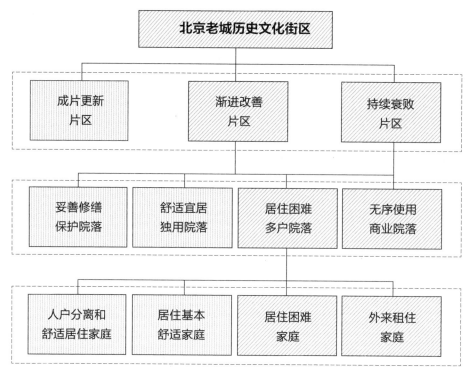

图5.1 北京老城历史文化街区片区之间、院落之间、家庭之间的分化

图片来源：笔者自绘。

    1949年之后，彻底消除了这种本质性的极化和隔离。在中华人民共和国成立初期，北京老城的空间与功能、人口的矛盾突出，这种矛盾主要表现为"不发达的同质秩序"和"整体性的空间困境"，主要来自经济社会条件的薄弱、空间容量的不足和环境品质的欠缺。

    20世纪80年代至20世纪末，北京老城的社会和空间要素变得更加复杂。尤其在20世纪90年代，人户分离现象突显，外来人口剧增，以及大范围的危旧房改造工程，造成了社会整体性的削弱和空间整体性的破坏。这种削弱和破坏，既缘于自上而下的差别化行动方式，也缘于自下而上的居住意愿和改善诉求。在这一时期，片区之间、院落之间、家庭之间的碎片化格局形成了雏形。

    《北京市二十五片历史文化保护区保护规划》批复以来，小规模渐进式有机更新理念逐渐成为共识，历史文化街区再次遭受整体性破坏的威胁已经逐渐解除，但许多空间行动实质上仍在自上而下地加剧着片区之间、院落之间的分化，而居民家庭自身的经济社会条件和意愿诉求差异也自下而上地持续推动家庭、院落之间的分化。自上而下与自下而上的作用力交叠嵌套，历史文化街区就形成了一种独特的碎片化现象。

这种二重性、多维性和持续性的碎片化是当前历史文化街区面临的最大威胁，但这种碎片化并不需要手术式地、休克式地决绝除去，它依然是历史文化街区包容和多样性的来源。通过保障最困难家庭、最困难院落、最困难片区的基本需求，提高较差一端的居住生活和就业消费状况，缩小差距，弥合割裂，就能够让这种碎片化重现包容之美、多样之美和整体之美。

5.1 街区的碎片化

在不同时期，北京老城的空间分异都比较清晰，例如《北京城市历史地理》中分析了元明清时期北京城人口密度分布[1]，赵世瑜、周尚意解读明清时期北京的等级空间[2]，王亚男考证了1900—1949年期间北京城市社会空间的变化[3]。这些研究北京老城分异问题的尺度一般较大，多从区域的角度加以解释，而如果将视角放的更低一点，我们还可以观察历史文化街区内部的分异。

由于历史文化资源、街巷胡同、空间形态和功能特征的差别，历史文化街区在保护更新实践中往往形成一系列综合的内部边界，也就是常说的"实施范围""项目范围"。由于这种边界会对资金、行动和政策产生实质性的影响，这个空间范畴就具有了突出的意义，甚至在很大程度上决定了这条边界线内外的巨大差异。街区碎片化的最大动力，就来自集中投放特别资金、特别行动、特别政策的片区，与其他片区之间的差异和隔离。

---

1. 侯仁之主编《北京城市历史地理》，燕山出版社，2000，第332—336页。
2. 赵世瑜、周尚意：《明清北京城市社会空间结构概说》，《史学月刊》2001年第2期，第112—119页。
3. 王亚男：《1900—1949年北京的城市规划与建设研究》，东南大学出版社，2008，第208—210页。

(1) 三类片区

一般而言，在占主要比例的、非重点的、以居住为主的片区中，居民收入偏低，老年人、未成年人、外来务工人员所占比例明显偏高，弱势人群相对集中，生活质量较差，经济条件和地位认同相近。与此同时，这些片区内很多房屋年久失修，老化破败，建筑密度过大，街巷狭窄，安全隐患多，基础设施落后，公共空间匮乏，是最应该受到关注，但实际困难始终没有解决的片区。也有一部分居住片区，得益于公共资金的重点投入，物质空间环境得以改善，形成了"有钱人搬进来，没钱人搬出去"的现象，发生了规模化的人口置换，在另一个极端产生了封闭而内向的居住片区。

而在重点实施保护更新行动的一些商业片区中，传统风貌和基础设施的改善带来了显著的旅游和商业发展机遇，形成了若干知名的旅游和商业区域，进而带动了周边地区的商业发展，甚至带来过度商业化。这类片区中，商业服务业蔓延带来了新的问题，一部分商业内容简单重复，与文化特质毫无关联，过高的商业密度激化了基础设施矛盾，甚至带来新的治安、卫生、噪声等弊病。

很多历史文化街区正在成为三类片区的拼贴。第一类是经由强力的、显著的外部影响而形成的片区，第二类是同时受外力和内因影响而渐进变化的片区，第三类片区则是在较少外部力量干预下，自我演化形成的片区。

第一类片区是"最好的"，常常关联着公共部门主导的"重点"或"试点"项目，或者关联着特定管理政策，主要采取集中投入大量公共财政资金，在短时间内进行腾退、修缮、改造、更新的方式。由于涉及具体的政策、空间行动或管理方式，这些片区虽然规模、形态和具体特征多样，但"边界"都很清晰，而由于普遍受到强有力的外部影响，这些片区往往会产生明显的、迅速的社会结构、空间环境和经济活动变化。而且，由于外部力量具有明确的目标和方向，并会努力通过政策、空间行动或管理方式实现这种价值追求，这类片区内部一般呈现出同质化的特征，居民社会结构、商业活动类型或空间环境特征都表现出相似之处。

这类片区可以根据空间或功能特征，延展出不同的子类，例如街巷或水系沿线带状地区，代表性片区有前门大街、玉河沿线、菖蒲河公园周边等；又如成片的居住社区，代表性片区有普度寺周边地区、草厂片区等；或者是较为集中的商业地块，代表性片区有北京坊、前门西片等。除了规模较大的片区之外，这类片区还可以表现为更小规模的街巷或地块，例如在街巷环境整治中，重点整治街巷胡同集中进行市政设施改善和立面整治行动，在短时间内，就会与其他街巷胡同产生显著的差异；又如某些重点项目的划定范围相对较小，以地块为单位进行更新改造，同样会与周边地区形成极大的差异。

另外，这类片区与相邻的其他片区往往有明显的隔离。当这类片区迅速重塑时，一般会对建筑物进行较大程度的整饬，并且以较高标准来改善公共设施和卫生环境条件，置入的景观、商业或文化娱乐功能也往往颇为精致。经过这样一系列的行动之后，这类片区吸引的就业者、新居民或消费者，也往往是精致而时尚的，推动这类片区成为一种"新空间"，并配以新的管理体系，来保持片区内的"品质"。片区内的商业活动或居住群体与其他片区的关联很少，并且比较清晰地分隔开来。

相较于第一类片区，第二类片区主要采取较为温和的保护更新方法，公共财政投入相对较少，实施规模较小，采取分散化的环境改善、住房改善和居民外迁。这些片区既受到了外部力量的影响，又有渐进演变的过程，以"重大"项目未波及、又开展了小规模保护更新实践的商业街和居住片区最为典型。代表性片区有什刹海环湖片区、南锣鼓巷商业街、大栅栏商业街等，这些片区保护更新行动的延续时间很长，也没有采取短时间内大规模的更新改造方式，商业活动和居住群体一直处于渐进变化的过程，因此这类片区的内部同质化特征并不突出，与其他片区的隔离也相对弱化。

上述两类片区之外，普遍可以归为第三类片区，它们是"最差的"，一般以居住功能为主，虽然普遍进行过基础性的市政设施改善和街巷环境整治，但基本是简单的维护，这些片区社会空间结构变化较慢，保留了市井文化和大量原住居民，片区中"差的"院落或者家庭占主要比例，并且与少数"好的"院落或家庭杂相处之。

还有一点值得注意，在近几年街巷胡同环境整治等行动直接干预下，第三类片区的街巷胡同、公共空间和公共设施得到改善，从表面上看，这些片区的困境似乎已经得到缓解，但实际上这些行动尚未触及院落内部，尚未触及不同群体的交流和认同，因此片区之间的隔离和分化，在程度稍稍降低的同时，变得更加隐蔽。

(2) 街区碎片化的特点

从空间的角度来看，街区碎片化的特点是不同片区之间环境、设施和建筑质量风貌等要素的巨大差异。在很多实际案例中，能够明显地观察和体验到这种巨大反差，例如普度寺周边片区、鲜鱼口街周边片区、北京坊片区等，通过集中连片的更新，虽然新建或重建建筑仍然保持了传统建筑形式，但建筑质量风貌远远优于周边区域；又如菖蒲河公园周边片区或玉河周边片区，藉由河道恢复工程，在河道沿线范围内进行集中外迁腾退，投入大量财政资金，通过建筑更新、环境提升和功能置入，形成了远优于周边区域的物质空间环境。令人担心的并不是这些片区空间要素的迅速改变，而是这些片区的变化并没有带动周边区域向上演变，周边区域往往仍处于差的一端。这种"好的"和"差的"环境、设施和建筑质量风貌的长期对峙，是街区碎片化的最直观表现。

空间碎片化背后的社会空间分异和极化、隔离，更值得引起重视和反思。一是不同片区居民经济社会条件的差异很大，少部分居住片区的居民在剧烈的重构过程中集中置换为高收入群体，"好的"居住片区和"差的"居住片区存在经济社会角度的两极分化，而且较差的居住片区占据了绝大部分比例；二是在社会空间分异形成过程中，以强制性手段或者隐性的强制手段（如本地居民无法承担的回迁成本）集中连片或者类型化（例如中低收入家庭）的外迁居民；三是在局部片区的商业、旅游繁荣发展中，这些片区的就业群体、消费群体与其他片区的居民群体也形成了很大的差异和分化。

"空间"碎片化和"社会"碎片化，进一步导致了群体之间的割裂和排斥，成为街区碎片化的又一特征。一些研究表明，经济社会地位接近的群体，更容易形成共识，采取共同行动；而且处于社会两极的社会阶层内闭性最强，而中间阶层则是内闭性较弱的阶层。如果把这两项结论放在一起，就很容易理解两极分化片区之中的群体间割裂和排斥。"好的"居住片区和"差的"居住片区，不仅是物质空间条件和经济社会条件的两极分化，其中的居民群体也是相互割裂、相互排斥的。在南池子、鲜鱼口和南锣鼓巷，经常会听到居民以"他们"来代指另一端居住片区中的居民，应是这种割裂和排斥的最生动写照。

这种割裂和排斥不仅存在于"好的""差的"片区的居民之间，同样也存在于商业片区和居住片区之间。在元明清时期，皇权是北京老城的核心功能，居住和商业是伴其而生的支撑功能；1949年之后的很长一段时期内，北京老城内的居住和商业则是与中央行政职能紧密联系。在这些时期，由于皇权或中央行政职能的中枢影响，老城中居住群体、从业和消费群体存在紧密联系。现在，这种紧密联系已经解体，居住群体的就业地逐渐向外扩散，而从业和消费群体的"外来比例"也越来越高，北京老城中居住和从业、消费群体之间的联系日益减弱，共同利益逐渐减少，割裂和排斥就很容易产生。

2009年以来，在西四北、南锣鼓巷和什刹海历史文化街区中的一些调查验证了这个观点，调查形成了一些简要结论：服务游客为主的外向型商业从业者多是外来人口，本地居民从业者占比均不超过10%，亦即这种外向型商业的从业、消费群体都是外来人口，与本地居民关系很弱；只有当商业具有服务本地居民的内向型特征时，本地居民才会承担其中的简易内容，例如便利店或餐饮店，而外来人口则承担其中资金、技术门槛较高的维修或服务内容。例如：2013年对什刹海地区的抽样调查显示，41家商户中仅有2家雇用本地居民，对36位三轮车夫的抽样调查发现，其中没有一位是本地居民；2010年对南锣鼓巷的调查中，152家店铺中仅12家由本地居民经营或雇用了本地居民；2009年对西四北片区的抽样调查中，生活型服务业中54%的从业人员是本地居民，17%的从业人员是附近地区居民，29%的从业人员是外省、区、市人口（表5.1）。

这是一个难以回避的问题，以外向型商业为主的商业片区发展，面临的不仅是居民、商户、游客之间表面的利益共享问题，而是两类片区之间的相互排斥。这种相互排斥，一方面来自商业片区对居住片区的就业和消费排斥，既不为本地居民提供就业岗位，也无须本地居民消费，同时旅游和商业加重了居住环境面临的交通、噪声、卫生、安全问题；另一方面，居住片区对商业片区的排斥也很强烈，在无法获取经济利益或得到相关服务便利的情况下，本地居民对商业发展的负面评价日益增多。例如：在什刹海地区的居民调查中，51%的居民认为商业和旅游对生活的影响较大或非常大；即使在西四北片区这样的居住型历史文化街区中，支持发展商业的居民比例也仅有两成，负面评价则集中在环境卫生状况下降（19%）、营业时间太晚影响休息（21%）、不安全因素（22%）和交通拥堵（21%）等方面（表5.2）。

表5.1 历史文化街区商业发展中的居民就业情况

历史文化街区名称及调查时间	商业类型	调查商户数	本地居民经营或就业
什刹海地区（2013年）	零售餐饮商业	41	2
什刹海地区（2013年）	三轮车服务	36	0
西四北片区（2009年）	社区生活服务	148	80
西四北片区（2009年）	零售餐饮业	96	16
南锣鼓巷地区（2010年）	所有商业	152	12

资料来源：笔者根据在2009年、2010年、2013年进行的实地调查数据整理。

表5.2 历史文化街区中居民对商业发展带来负面影响的评价

历史文化街区名称及调查时间	生活氛围被打破	交通拥堵	不安全因素	营业太晚影响休息	环境卫生状况下降	其他
西四北片区（2009年）	12%	21%	22%	21%	19%	5%
南锣鼓巷地区（2015年）	14%	30%	22%	12%	21%	1%

资料来源：笔者根据2009年、2015年进行的问卷调查数据整理。

在街区碎片化的讨论中，绅士化或者商业化并不是负面的涵义，从某种意义上来说，多样的居住群体和繁荣的商业，恰恰是保持历史文化街区长久活力的关键。然而，这种多样和繁荣的前提，应当是绝大部分居民能够达到基本舒适的居住条件，绝大部分基本公共服务设施能够达到较高的水平，而且不同片区之间应当有合适的联系和交流，而非决然的割裂和排斥。如果"差的"片区尚未得到基本保障，却出现了一片又一片"好的"片区，"好的"片区和"差的"片区又相互割裂、排斥甚至对立，尤其当"好的"片区恰恰是由公共财政投入而产生的，那我们似乎应当进行反思，公共投入最应该解决的，究竟是"好的"片区的示范，还是"差的"片区的改善？

5.2 片区的碎片化

经过集中连片改造的片区，无论是居住、商业或者混合功能，在强力的政策影响、空间行动和管控方式下，其院落会向单一方向过滤，而变得愈加同质。而未经集中连片改造的片区，尤其是居住片区中，由于住房条件、产权、保护更新和利用方式差异的影响，往往产生以院落为单位的差异和马赛克状分布现象。这种差异维持在一个合理界线时，是北京特有居住形态的一种体现，可以称其为多元化；然而当较好一端院落与较差一端院落之间的差异过大，尤其是较差一端院落过多，而且已经不满足基本的人居环境条件时，突破了应有的界线，就应当称其为片区的碎片化。

判断片区的多元化或是碎片化，标准应当在于院落之间的差异是否过大，较差一端的院落是否能够满足基本生活需要，院落之间是相互依存多一点，还是孤立隔离多一点。关于片区碎片化的讨论，并非指院落同质是好的，或者院落分化是不好的，而在于反思院落两极分化的实际情况，更加重视占主要比例的、保护状况偏下的居住院落。

(1) 四类院落

第一类院落是"好的"、列入保护类的并且已经得到妥善修缮维护的院落。这些院落从大量院落中被选为保护对象，又从保护类院落中被选为优先实施对象，进行居住或使用单位的腾退外迁，进行全面的修缮，不仅物质空间不再面临衰败的威胁，使用功能和其他方面的社会问题也已经妥善解决。

第二类院落是"比较好的"、使用状况或居住条件良好的院落。这类院落的面积差异虽然颇大，从几十到数千平方米不等，但通过市场交易或腾退外迁等不同方式，基本都形成一户（一个家庭、一个家族或一个单位）一院的使用状况，院落内部的社会一致性，保证了院落的改善能力，无论作为居住、商业还是办公功能，均具有较好的物质空间环境，房屋质量得到妥善维护。

第三类院落是存在不同程度居住困难的居住院落。这类院落的占比最大，情况最复杂，既有居民占用尚未腾退修缮的文物保护单位，有多户共居的公房大杂院，也有家族式共居的私房院落。这类院落的突出特点是一院多户共居，虽然院内家庭之间经济社会条件存在差异，但院落总体处于居住困难状态，建筑质量风貌、院落公共环境和基本生活设施也处于较差的状况。它们既是历史文化街区中记忆最浓厚、生活最有活力的院落，也是空间保护与居住改善最为复杂和困难的院落。

第四类院落是已经商业化且缺乏妥善维护管理的院落。这类院落往往沿主要商业街分布，并渗透进入胡同内部，从线型生长演化为面状散布。虽然商业发展取得了良好效益，但与第二类院落不同，这类院落的房屋和院落空间往往因追求最大经济效益和最多使用面积而进行改造。

在集中连片更新改造的片区，第三、第四类院落趋于消失，并大多置换为第二类院落，在消除居住困难和杂乱业态的同时，片区的多样性及其带来的活力也明显降低；在渐进改善和自然演变的片区，这四类院落则多处于共存且割裂的状况，其中以第三、第四类院落为主。如何改善这两类院落的空间环境和社会状况，是重塑胡同四合院地区多样性和整体性的关键。

(2) 片区碎片化的特点

片区碎片化的空间特征是院落规模、产权、院落环境和建筑质量风貌的碎片化。1949年至历史文化街区划定期间，院落演化大致有三个方向：一是在集中连片拆除中消失，历史文化街区之外的院落大多属于此类；二是在不同阶段经历加建、改建和不恰当维护，历史文化街区中大部分院落属于此类；三是少部分得到妥善维护的非居住院落或保护类院落，总体看数量较少。划定历史文化街区后的二十年时间里，如果别除集中连片更新改造片区，院落演化又可以归纳为两个方向——普遍的简单维护和点状的彻底改善。简单维护主要来自于公房例行维护和私房自我维护，彻底改善则主要来自腾退外迁后的保护更新和新户主置入后的自我改善。

《北京旧城二十五片历史文化保护区保护规划》中记载了当时院落调查的结论，25片历史文化街区中共计15 178个院落，其中保存较好的院落为5456个，占36%；总建筑面积为613万平方米，质量好和较好的占42%，质量一般的占41%，质量较差的占17%；划定更新类建筑占49.2%左右[4]。

历史文化街区划定以后，院落空间改善行为的投入程度和改善程度不同。腾退修缮后的文保院落、历史建筑以及新户主置入的院落，相较于其他院落，建筑质量、院落环境和整体风貌获得了很好的改善；而简单维护的院落则普遍处于"较差的"状况，"由于人口增加和失于管控，影响风貌的私搭乱建愈演愈烈，近乎失控"[5]。

片区碎片化的社会特征是院落之间的居住密度和住房条件差异，院落居住密度和住房条件差异是经济社会状况的代表性因素，院落居住密度越大，住房条件越紧张，反映出院落实际居住家庭的经济社会条件越差，自我改善的能力越弱。历史文化街区中的少数院落居住条件已经达到甚至远远超过北京市平均住房水平，也有部分院落由外来租住家庭填补了人户分离住房，更大部分院落中留住居民家庭的人均住房面积长时间不足，这种居住密度和住房条件的碎片化状况，是院落环境和建筑质量风貌碎片化的根源。人户分离比例也是片区碎片化的标志性因素，高比例人户分离和租住家庭聚集的院落，其经济社会状况明显偏低，甚至低于存在居住困难的留住居民院落。

片区碎片化的另一个重要社会特征是院落之间的共识强度差异，这种主观诉求的差异，源自于院落空间特征和客观经济社会条件的综合过滤。在中华人民共和国成立初期，虽然院落规模、产权不同，但绝大多数院落的居住密度、家庭经济社会条件是相对同质的，处于一种"普遍的居住困难"中，而且家庭之间的社会联系较为紧密，因此院落之间的共识差异并不明显。20世纪80年代以后，院落之间的差异日益明显，居住院落的规模愈大，内部的社会和空间问题就愈复

4. 北京市规划委员会：《北京旧城二十五片历史文化保护区保护规划》，燕山出版社，2002，第11—12页。
5. 2013年北京市历史文化街区保护规划实施评估资料。

杂，居民形成共识愈困难，共同行动也愈难，而且外部力量介入的难度也愈大，其衰败情况就愈严重；而在规模较小，产权私有的院落中，虽然并非总能形成共识、共同诉求和共同行动，但总体上院落内部各个家庭的倾向性和基本诉求会更加简单、清晰和可辨识，更容易形成外迁、留住改善或者简单维护的共同行动。

5.3 院落的碎片化

院落的碎片化是院落内部家庭之间的分化，是历史文化街区中最微观、最独特的碎片化现象。院落碎片化是院落衰败的主要原因，而大量院落持续衰败则是历史文化街区保护困境的根源。

(1) 四类家庭

在历史文化街区中，居住条件是衡量居民家庭差异的典型因素。首先，具有产权或者承租权的居民家庭与外来租住的居民家庭具有明显差别，两者在户籍、医疗、教育及其他公共服务方面存在巨大差异，居民家庭首先划分为本地居民和租户。其次，因为人户分离、多套住房、加建住房等因素的影响，以实际居住人口、产权住房面积作为计算口径，可以较好地反映居民家庭的实际居住条件。例如：某家庭在历史文化街区以外拥有产权住房，并且不在本地居住，尽管其在历史文化街区内的家庭产权住房面积较小，但按照人均实际产权住房面积计算，则属于居住条件优越的家庭。又如：某个家庭在院落拥有若干间加建住房用于改善居住条件，但加建住房属于非正式住房，且质量条件一般较差，按照其人均实际产权住房面积，仍然属于居住较差情况。如果以北京市保障性住房申请标准[6]作为满足基本居住需求的参照值，以历年北京市城镇家庭人均住房面积的高值[7]作为居住舒适的参照值，可以把15平方米、33.08平方米作为衡量人均实际产权住房面积"紧缺"和"满足"的简易衡量标准，可以大致分为高、中、低的

6.《北京市公共租赁住房申请、审核及配租管理办法》（2011年）中，家庭人均实际产权住房面积低于15平方米是提出住房保障申请的前提条件。

7. 根据《北京统计年鉴2021》数据，2018年、2019年、2020年北京市城镇家庭人均住房面积分别为33.08平方米、32.54平方米、32.60平方米，以2018年为最高。

类型。最后，因为历史文化街区的空间特殊性，相当数量的居民家庭不具备独立卫生间，甚至没有独立厨房，这些家庭生活设施的完备程度具有独特的标志性意义，可以作为居住条件评价的辅助因素。

如果按照住房产权、住房面积和家庭生活设施这些因素来对家庭进行分类，大致可以划分为四类家庭，其中前两类是"好的""较好的"，但比例较低；后两类是"较差的"，占主要比例。

第一类是人户分离或高居住水平的家庭，在历史文化街区中拥有产权住房或公房承租权，而且以在京住房总面积核算，实际人均产权住房面积大于北京市城镇家庭人均住房面积。大致包括两种情况：一是在历史文化街区内拥有住房，同时在北京市其他地区拥有住房，总体居住条件较好的家庭；二是在历史文化街区内拥有较大面积住房，能够满足较为舒适居住需求的家庭。这些家庭一般拥有独立且状况良好的厨房、厕所和浴间，住房内部的环境也较为舒适。

第二类是本地居住基本舒适的家庭，在历史文化街区内拥有适中面积的住房，能够基本满足居住需求，家庭实际人均产权住房面积介于15平方米和北京市城镇家庭人均住房面积之间。这些家庭一般拥有独立的厨房，但厕浴设施并不完善，或者使用公用厕浴，或者仅有简陋的自用厕浴空间，住房内部的环境也较为局促。

第三类是本地居住困难的家庭，虽然在历史文化街区内拥有住房，但住房面积明显不足，即使通过加建房改善居住条件，也仍然处于居住困难状态，家庭实际人均产权住房面积小于15平方米。这些家庭基本没有自用的厕浴设施，厨房也较为简陋，甚至不具备独立的厨房，住房内部的环境也往往较差。

第四类是租房家庭，并且在北京市其他地区并不拥有住房，家庭实际人均住房面积往往小于15平方米。这些家庭的实际居住条件与第三类家庭颇为相似，但由于户籍和房屋产权的差异，这些家庭在本地的社会联系往往更少，得到的基本保障和关照也更少。

另外，也存在少量居民或家庭在历史文化街区中租房居住，但在北京市其他地区拥有住房，或者经济条件优越而租住在价格颇为昂贵的院落式公寓之中。这类家庭的生活设施完备，住房内部的环境也颇为优越，具有一定的独特性。这类家庭在历史文化街区中的比例尚低，产生的影响较小，尚无需列为主要研究对象。

如果划分这四类家庭住房条件的相对位置，显然第一类属于上层或者中上层，第二类属于中上层或中层，第三类属于中层或者中下层，第四类属于中下层或下层。第三类、第四类家庭的住房条件，在很大程度上表明了其经济社会综合条件，即使部分家庭成员具有较好的教育水平或者职业收入，但如果较长时期内处于居住困难状态，则表明其收入仍不足以改善基本生活条件；而第一、二类居民家庭，即使教育水平或收入水平偏低，但由于无须承担居住成本，所以一般能够保持较好的生活条件。

以什刹海街道为例，2010年的人均产权住房面积为14.6平方米，从结构上看，住房面积小于20平方米的家庭占主要比例，这些家庭应大多属于第三类家庭；住房面积在20平方米至60平方米之间的家庭占比次之，大部分应属于第二类家庭；家庭住房面积大于60平方米的家庭占比很低（图5.2）。

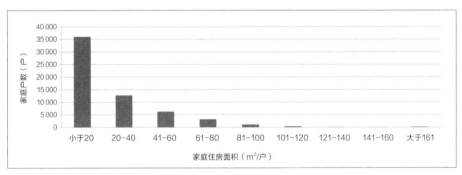

图5.2　2010年什刹海街道家庭住房面积的结构

数据来源：笔者根据什刹海街道2010年六普数据整理。

　　家庭A：公房院落，第一代承租人已去世，承租权由其子继承，年龄在50岁左右，其家庭在北京市拥有多套住房，家庭收入不可考证，院中住房长期租赁，属于典型的第一类家庭。

　　家庭B：公房院落，承租人年龄近80岁，教育水平较低，退休工资约5000～6000元/月，其子女在北京市均有良好的住房，承租人身体状况良好，留恋院落中有老邻居的生活方式，经常回来居住，其子女或常来探视，或接承租人至自己家中生活，这一家庭也应属于第一类家庭。

家庭C：私房院落，夫妇二人，年龄均在55岁左右，有一女，已婚，定居北京市其他地区，夫妇二人自有产权住房面积约49平方米，两人都在市属企业工作，家庭月收入2万元左右，生活条件良好。属于典型的第二类居民家庭。

家庭D：公房院落，一家三代4口人，分别为承租人（女，约80岁）、子（约50岁）、媳（约50岁）、孙（25岁左右），共计拥有承租房屋1间（分为两个小卧室），自建房2间（一厨一卧），共计约30平方米，家庭月收入约在2万元左右，属于典型的第三类家庭。

家庭E：公房院落，租房家庭，夫妇二人约30岁，一子约5岁，就读幼儿园，非京籍，家庭月收入约1.2万元，租房1间，房屋外搭建小厨房，房租约1500元/月，属于第四类家庭。

整体看上述家庭案例，除家庭A收入不可考以外，家庭B/C/D/E的教育水平、职业类型和人均收入差距并不明显，但家庭B/C的实际生活条件远比家庭D/E要好，而且家庭D/E的经济收入，在日常生活之外，均需特别注意储蓄以应对养老、医疗和教育支出，实际的消费水平也明显低于家庭B/C。在改善居住条件方面，家庭D虽然每月都有积蓄，但远不足以在北京市其他地区购买住房，其所在院落曾列为申请式腾退院落范围之内，但由于按照补偿标准，该家庭可获得的经济适用房购买指标不足以满足3个卧室的要求，因此并未申请外迁，因此实际上长时间处于居住困难状态。而家庭E虽然家庭月收入1.2万，但每月计划积蓄5000~6000元，用以返乡置业，再扣除房租、幼儿园学费之后，能够用于日常开销的可支配收入则寥寥无几。

(2) 院落碎片化的特点

院落碎片化的核心特点是家庭住房条件的碎片化，住房条件包含了住房面积、房屋质量风貌、厨浴厕基本生活设施、室内环境条件、自建房等空间要素，也包含家庭结构、家庭收入水平、住房产权形式等经济社会因素（表5.3）。

家庭实际人均产权住房面积是住房条件的关键评价指标，由"家庭产权住房面积""家庭结构""是否拥有住房产权或公房承租权""是否拥有市内其他住房"等因素构成。以北京市住房保障标准和北京市城镇家庭人均住房面积作为参考，可以大致衡量家庭人均产权住房面积"紧缺"或"基本舒适"。根据前述调查，居住院落中的家庭实际人均产权住房面积普遍呈现出较高的分异度，而且在空间上无规则地马赛克状分布，这标志着北京老城居住院落中普遍存在着家庭住房条件的碎片化现象。

室内环境条件和厨浴厕设施是住房条件的显性特征。由于院落中的居民家庭往往并不拥有整栋住房，而是以"开间"的形式共用一栋建筑，但又无法以"开间"为单位进行住房质量风貌改善，因此住房质量风貌往往普遍性地衰败，院落碎片化的显性特征并不直接体现在住房质量风貌差异，而是更清晰地体现在室内环境条件和厨浴厕设施的差异。

表5.3 家庭住房条件的类型

家庭住房条件	家庭人均产权住房面积（m²）	房屋质量风貌	厨房	厕所	浴室	室内环境条件
高水平住房条件	高于33.08	普遍较好	独立厨房	多有独立厕所	独立或混合浴室	较好
中水平住房条件	15～33.08	中等或差	独立厨房	多无独立厕所	混合浴室或无浴室	较差
低水平住房条件	低于15	普遍较差	简易厨房或厨具	无独立厕所	多无浴室	差
无住房	市内无自有住房	多样	多样	多样	多样	多样

注：家庭实际人均产权住房面积指北京市内住房情况，包含不同地区有多套住房情况。

院落碎片化的另一个特征是邻里关系的碎片化，包括邻里认同感、归属感与邻里交往紧密度的削弱，甚至包括比较明显的社会排斥与隔离。这种现象不仅发生在本地居民与外来人口之间，也发生在本地居民之间。院落是一种独特的内向型居住空间，原型是"家庭—院落"的社会—空间对应关系，内部具有较强的血缘联系，私房院落内部仍然保持了这种血缘联系，但随着人口增殖和家庭小型化，这种联系受到削弱。公房院落在20世纪80年代之前普遍存在较为紧密的社会联系或者比较一致的社会地位，但随着单位制解体，又经过数十年的家庭迁出与置换演变，公房院落内部的社会联系大多已经发生了断裂。

居住时间是邻里关系的关键评价指标。前文已有述及，同一院落居住时间超过10年家庭的邻里认同感开始明显提高，超过20年则基本认同彼此的邻里关系。由于20世纪80年代以来，居住院落中普遍存在置换、出租、出借等不同类型的居住流转过程，北京老城居住院落中普遍居住着不同时间迁入的家庭，邻里关系也日益复杂。

意愿诉求的碎片化也是院落碎片化的重要特征。家庭居住意愿包括外迁或留住意愿、参与或自我改善意愿。这些主观意愿具有不稳定性，既有情感、居住习惯与生活方式的因素，也有利益博弈的衡量，这些不稳定的影响因素形成了家庭居住意愿的碎片化。例如：在近年的外迁或改善行动中，居住意愿碎片化突出表现为院落内部很难形成一致的外迁或者合作改善意愿。

住房条件、邻里关系和意愿诉求的碎片化，并非截面的，而是具有螺旋向下的内在动力。家庭之间的住房条件和意愿诉求不一致，就难以形成改善环境的共识，因而导致环境衰败；其后家庭之间的合作和信任关系进一步削弱，又加剧恶化了院落内的邻里关系；院落碎片化和环境衰败形成了持续螺旋向下的特征。

居住院落作为个体，从中可透视出北京老城演变的内在动因；居住院落作为个体的集合，则构成了北京老城社会—空间的整体性变化。居住院落的碎片化过程和结果，实质上与北京老城历史文化街区的社会和空间演进是耦合关联的，认识这种碎片化的机制、特征和影响，是居住院落保护实践中政策设计、空间行动和治理探索的基础。

5.4 碎片化的嵌套和传导

虽然本书尝试将空间层次清晰地划分为街区、片区、院落、家庭，但实际上的空间单元并非是僵化固定的。"院落"可以是一个院落，也可以是相邻几个关系密切的院落；"片区"可以是一个社区，也可以是边界清晰的几条胡同。街区、片区和院落，这三个尺度的碎片化并不是简单的上下层关系，它们既反映不同尺度的两极分化和马赛克特征，又纵向地、层层地嵌套和传导，既来自城市化进程、公共政策和行政管理的自上而下影响，又来自居民家庭条件和行为意愿的自下而上动力。

（1）街区碎片化的向下影响

集中连片更新改造的片区，以强有力的政策、行政或者经济力量，迅速改变甚至消除了片区内部的院落差异和家庭差异，这是自上而下影响最为强烈的片区。这种向下传导的力量，重构了片区内部的居住或商业空间，同质化了片区内部的院落甚至家庭，所以在这类片区中，往往不再能观察到院落之间和院落内部的分化。

采取小规模渐进式保护更新策略的片区，对片区内部的影响则更为平缓，虽然局部片区也进行了一定规模的外迁、更新和改造，带来人口与功能的置换，但仍保持了内部差异化的特征。同时，人口和功能置换的方式和投入强度不同，自上而下产生的影响也有所不同，例如在杨梅竹斜街、什刹海地区、福祥社区等都采取了申请式外迁的方式，但外迁的方式和比例不同，对院落和家庭产生的影响迥异。杨梅竹斜街外迁了1711户中的741户，福祥社区外迁了1800余户中的407户，占比较高；什刹海地区则是在46 000余户居民中外迁了349户，占比颇低。因此杨梅竹斜街和福祥社区中的居住密度显著降低，相应的停车等各类居住相关设施产生的影响就迅速降低。三个地区同样是申请式外迁腾退，申请方式存在差别，对片区内部的差异影响也颇为显著。采取家庭式申请腾退的杨梅竹斜街和福祥社区，其自上而下的影响进一步渗透进院落之中，影响了院落内部的社会—空间状况，出现了大量"半腾退的院落"，院落内部住房和公共空间使用出现了新的情况；而采取整院式申请腾退的什刹海地区则不同，基本未对留住院落内部产生大的影响。

在自然演变的居住片区内部，虽然受到公共政策、普惠式改善行动和宏观经济社会发展的影响，例如各历史文化街区普遍进行的煤改电工程、危房维护等，但并未作为重点地区进行外迁腾退或环境整治，自上而下产生的影响就较为有限，所有自然演变的居住片区整体呈现出类似特征。

由此看出，片区间的碎片化过程中，差异化的自上而下动力机制，进一步传导至院落和家庭层次，参与到院落之间和院落内部的空间和社会关系重塑过程。

（2）院落碎片化的向上影响

院落碎片化自下而上影响的特征最突出，与居民关系最为密切，碎片化的住房条件、社会关系和意愿诉求催生了"杂院"，这些衰败的院落与"好的"院落的分化就形成了院落之间的片区碎片化，进一步衍生出衰落的片区，而这些衰落片区与集中连片更新改造的"好的"片区则形成了我们观察到的街区碎片化。所以说，院落碎片化作为最微观的碎片化现象，对整体性的空间秩序产生了自下而上的影响。

院落碎片化不仅仅通过房屋质量风貌等空间要素向上产生影响，同时，家庭作为最基本的社会细胞，通过个体居住行为、参与意愿的集合，深刻地影响了院落、片区的碎片化过程。无论公共部门试图采取腾退外迁还是住房改善、环境改善、设施改善的策略，家庭意愿的差异都产生了巨大影响。

例如：在申请式外迁腾退过程中，补偿政策如果采取简单一致的方式，很难得到有效实施，部分家庭虽然产权住房面积小，但实际居住人数多，分户复杂，对住房安置的要求就更高；而即使采取了差异化、多元化的公共政策，最终实施效果也深受家庭实际情况影响。对已经外迁居民进行数据分析，其原有住房情况仍然呈现明显的结构特征。数据显示，家庭结构单一、外迁补偿"性价比"较高的家庭占实际外迁家庭的主要比例。同时，杨梅竹斜街、福祥社区中普遍存在的整院腾退比例低，什刹海地区中普遍存在的腾退院落面积小等情况，也突出说明了院落碎片化对院落、片区产生的自下而上影响。

而在环境设施提升过程中，当影响到某个家庭的具体利益时，就会面临巨大的阻力。例如：当垃圾楼、公厕选址在某个家庭附近时，或者街巷胡同整治涉及拆除某个家庭的自建房时，都很难寻找到适宜的解决方案。

居住院落内部院落碎片化程度不同，院落形成参与改善或者外迁腾退的共识强度就不同，相应地，居住院落实现自发改善或者整体外迁的情况就存在差异。院落碎片化程度基本决定了居住院落的保护状况。单户院是院落社会—空间整体性最强的类型，无论其实际居住面积如何，整体空间环境和住房质量风貌普遍优于多户院；而社会—空间整体性较强的家族共居式私房院，同样空间质量偏好，也是由于院落碎片化的程度较弱。"大杂院"碎片化的程度最为严重，也因此既难以形成居民改善共识，也难以形成整体外迁共识，这也是大杂院传统风貌保护面临最大困难的本质。

院落内部碎片化程度的较高和较低，也是形成院落之间两极分化的原因。在缺乏整体改善和管控治理的情况下，院落内部碎片化程度较重的院落占主要比例，成为片区碎片化的动力根源。

(3) 片区碎片化的上下传导

街区碎片化向下的传导，院落碎片化向上的传导，主要依靠院落个体来实现。院落作为一个完整的空间单元，承接着公共政策和街区碎片化的自上而下力量，也承接着院落碎片化的自下而上力量。片区碎片化，就是上下传导的过程中产生的。

从自下而上的角度看，院落中普遍存在严重的院落碎片化状况时，院落个体的衰败集合成为邻里片区的失序，这一片区在历史文化街区中就处于较差的一端；反之，院落内部一致性较强时，邻里片区就会呈现较为理想的社会和空间秩序。从自上而下的角度看，当邻里片区被划定为"试点""重点""示范"时，或院落被划为重点保护类院落时，外部力量强有力地介入院落之中，对院落中的居住空间、房屋质量、院落空间产生影响，改变着院落碎片化的程度和方式。院落间的分化就是这样逐渐演化而来，在产权制度、住房管理、人口外迁、保护更新差异和自发力量的综合影响下逐渐碎片化。

5.5 碎片化的产生和螺旋持续

在中华人民共和国成立初期，普遍存在的空间衰败和居住困难，可以称为

"整体而同质的困难"。应对这种同质化的困难，可以采取较为简单的公共政策和空间行动。而经过数十年政策制度、经济发展、空间行动和居民选择的综合影响后，这种整体而同质的困难演变为复杂和碎片化的困难，较差的片区、较差的院落和居住困难的家庭，分化为复杂的类型，马赛克状地分布在历史文化街区之中。简单的公共政策或者空间行动很容易顾此失彼，如果仍然沿用单一目标的、线性思维的应对策略，往往会造成更加复杂的困境。

（1）集聚和过滤

如果笼统地区分，早期的分化形成于20世纪末之前的集聚和过滤。中华人民共和国成立后，北京老城的人口规模迅速增加，为了满足大量的居住需求，居住院落进行更加高密度地划分，并利用空置地新建住宅。在20世纪六七十年代，居住空间面临更加严重的容量不足，紧迫的现实困难和相对滞后的历史文化保护理念的合力之下，政策倾向了满足居住需求的单一目标，鼓励进行房屋扩容，采取"接推扩""滚雪球""简易楼"等方式增加居住空间。历史文化街区本就承担了大量的居住功能，居住密度本已过高，却又继续不断地新增更多人口和居住功能，给历史文化街区保护带来了前所未有的空间容量压力，为其后的一系列问题埋下了伏笔。

20世纪80年代以后，单位制解体和市场经济的影响，带来了家庭间经济社会条件的差异。历史文化街区的一部分家庭自主外迁出去，实际上已经不再需要公房体系的住房保障。但公房管理机制在初期的分配之后，没有动态完善退出机制，人户分离的承租家庭仍然保留着使用权，随之而来是更多的外来人口租住置入，居住人口的密度不降反升。而且实际居住家庭的经济社会条件在这个过程中不断过滤，持续维持在较低的水平，这是家庭个体的过滤。

随着院落保护理念逐渐形成，老城中重要的院落划定为不同等级的保护单位，一些保护类院落开始得到妥当地维护，实施行动在"点状"的院落中展开；与此同时，高收入家庭通过市场交易的方式，逐渐以整院方式置入进来，并迅速改善了这些院落，这是又一类"点状"的改变。但占主要比例的传统居住院落没有明确保护方式、保护要求和投入方式，这种空白导致传统院落普遍缺乏有效维护。于是，院落个体也在发生着向上和向下的过滤。

片区的过滤则主要来自于商业和旅游业发展的力量。20世纪末，一些历史文化街区的旅游和商业规模日渐庞大，部分片区完善了交通和市政基础设施，建设了比较集中的商业设施，片区之间也开始形成初步的差异。

(2) 困境的螺旋

21世纪以来，历史文化街区再度发生剧烈变化的威胁逐渐解除，保护理念、制度和政策逐渐建立，历史文化街区中的空间形态基本进入相对稳定的阶段。受复杂的产权关系、环境条件和地产市场背景影响，虽有类似2004年鼓励单位和个人购买四合院等政策的影响，但历史文化街区中"名义的社会结构"或者说"户籍人口的社会结构"并未发生剧烈的变化。但在看似波澜不惊地逐渐演变中，在自上而下和自下而上的共同作用下，历史文化街区的内部分化变得更加复杂。

公共行动比较明显地引发了自上而下的片区碎片化。2002年以来的空间行动存在着"商业带动的历史文化街区复兴""居住更新带动的历史文化街区复兴""公共设施建设带动的历史文化街区复兴"等主要策略，这些策略本身具有合理性，但由于北京老城历史文化街区面积大、数量多，特别政策和空间行动投入只能在局部片区实施，在客观上造成这些片区与其他片区之间形成更显著的分化。

而当片区之间形成了分化的趋势之后，较好的片区与较差的片区就在两端形成了相对"封闭的循环"。某个片区形成"高尚住区"或者"高尚群体的活动聚集区"以后，为了维持这个片区的空间环境或特定目标的体验，往往采取严格的物业管理措施，以门禁、保安、物业、价格等多种类型方式，公开或隐蔽地拒绝非目标群体进入或者使用，以避免对片区空间环境产生干扰。而由于这些片区逐渐开始形成标志性的"试点""重点""示范"，形成文化旅游、景观或居住更新的典型片区，甚至形成知名的旅游和商业区域，公共部门往往惯性地继续进行公共投入和管理，这些片区的改善就进入了一个向上的循环。

与此相对，在较差的片区，尤其在自然衰败的居住片区，长期处于简单维护状态，虽然公共部门常以普惠公益方式进行设施改善和环境整治，但总体来看，由于居住密度过高，普遍居住状况较差，而且缺乏基础设施建设的必要空间，整体看处于较低的一端。而且由于房屋的持续衰败和部分居民的主动迁出，很多较低收入的外来人口在这类片区内长期租住，大量外来人口的增加进一步增加了公共空间和房屋质量风貌改善的压力。

而且由于这些片区面临的困难和问题比较复杂，公共投入和空间行动既不能取得经济收益，又很难在短期内看到社会影响和实施效果，甚至并不是简单进行资金投入或采取某些空间行动就能够妥善解决，所以公共部门往往既缺乏投入公共资金的动力，又缺少有效进行政策投放和资金投入的适宜途径。这些片区就徘徊在一个向下的循环。近些年，历史文化街区中的胡同环境普遍得到了改善，但从面临的问题来看，胡同环境改善对较差一端片区的整体影响并不深刻，这些片区与较好的片区的差距日益增大。

家庭个体行动自下而上持续加剧了院落之间和家庭之间的分化。北京老城的居住院落区位优越但基础设施薄弱，独具建筑文化特色但空间特性不易满足现代居住需求，这些空间因素影响了家庭的居住意愿和行动，继而影响了居住家庭的社会结构。在较好的一端，居住院落吸引高收入的居住群体，例如在2004年鼓励四合院交易之后产生了明显的高收入群体购置四合院现象，虽然比例不高，但代表了一种典型的变化类型；在中间的部分，居住院落正在将中等收入群体挤出，由于在本地扩大住房面积和改善居住条件的难度较大，很多中等收入家庭选择在历史文化街区之外购买住房，这类现象的比例很高；在较差的一端，居住院落中正在固化低收入或住房极度困难群体，这些家庭占比最高，难以通过自身经济条件明显地改善住房条件。经过多年的过滤和演化，历史文化街区中形成了显著两极分化的居民家庭结构，由于这些吸引、挤出和固化的发生在空间上是无序分布的，"较好的""中间的""较差的"家庭个体或院落个体也就是无序分布的。

在院落碎片化和片区碎片化的状况中，居民家庭在街巷胡同和院落空间中形成共识的难度日益增大，共同参与的难度则更大。在邻里公共空间改善的行动中，当居民家庭无须投入时，建言建议和参与决策的意愿很强；而一旦需要居民家庭投入，或者涉及具体家庭个体的空间利益时，就很难形成共识。这种分歧在院落内部最为显著，即使在家族私有的小型院落中，也很难形成空间共识，而在数十户家庭居住的大杂院中，外迁、参与和投入的共识就更加难以达成。由于居住困难家庭、倾向外迁家庭、人户分离家庭等不同特性的家庭马赛克状分布，院落虽然是基本的空间实施单元，但遗产保护、腾退外迁、居住改善或者空间整治行动却很难实施。这既受居民家庭经济社会条件的影响，也有居民家庭空间环境差异的原因，同时跟家庭之间社会联系日益削弱有关。简言之，碎片化的情况愈重，邻里合作愈难。

第
六
章

院落社会的
六个讨论

历史文化街区的困境，既源于历史演变，也源于认识局限。认识局限则行动有偏差，行动有偏差则困境愈复杂，行动愈难有效，循环往复。

北京老城之美，是整体性之美和多样性之美，这种整体和多样不仅体现在空间中，也体现在社会要素中。历史文化街区之困，不是单纯的建筑或街巷胡同环境问题，也不是单一的人口、住房或社区治理问题。认识历史文化街区困境的形成和持续，可以尝试从三个角度来讨论。

结构过滤的角度，主要来自于政策制度。住房分配政策、住房管理制度、政府决策机制和市场的力量形成了多重的过滤性因素，在不同尺度的过滤过程中加剧了结构性的两极分化：一端是高收入的家庭、整体性强的院落或者空间环境优越的片区；另一端则是居住困难的家庭、大杂院或者衰败的居住片区。而且，结构过滤具有空间效应，两极分化的家庭、院落或者片区，在空间上散布，使问题愈加难解。

空间行动的角度，主要来自于空间实践。在结构过滤的基础上，空间实践往往采取了条块分割、单一化和片段式的行动，或者缺乏协同，各自为战，或者目标单一而顾此失彼，看似百花齐放，实则割裂冲突。

管控参与的角度，主要来自于群体行为。公共管控与居民参与是与空间行动相辅相成的力量，在历史文化街区划定初期，有注重空间行动，轻视常态管理维护的倾向，经过一系列的空间行动后，商业无序发展，自建加建失控等问题日渐凸显；其后，又存在重居民参与和轻公共管控的倾向，片面强调居民参与作用，底线管控不足，虽然解决了部分问题，但在涉及居民核心空间利益和居住改善难题时只能选择性回避，并不能解决历史文化街区面临的核心难题。

关于这三个角度的讨论，大致可以围绕六个具体问题展开。

6.1 住房应急供给和退出

中华人民共和国成立初期，老城承担了北京第一轮住房应急供给任务，在完成任务之后，又承担北京城镇化进程中的住房过渡供给任务，老城已不堪重负。

人口密度过大是北京老城长时期内始终存在的问题，民国时期的住房紧张已是颇为明显的问题，中华人民共和国成立初期，居住人口进一步增加，住房供给已经是迫切要解决的紧急任务。针对这个问题的讨论虽然不多，但北京老城承担了这个时期的住房应急供给任务，这是一个不可否认的事实。

由于尚无力承担过多向外开辟居住新区的财力物力，因此中华人民共和国成立初期的选择是在老城聚集公共功能和容纳居民，住房的核心目标围绕"解决居住困难"，通过鼓励新建住房、建设简易楼、见缝插针加建和"接、推、扩"等做法，满足居高不下的居住空间需求。这一系列的政策引导，是当时经济社会条件下解决基本居住问题的需要。这种方式虽然对老城传统空间形态造成了整体性的冲击，但从社会保障角度，确实是满足居民基本需求的有效手段。不过，这一时期虽然实行了通过分配住房和增建住房来满足居住需求的策略，但是对于如何增建住房，何时开始降低老城人口规模，增建的住房如何拆除退出，或者说"住房如何应急供给，应急供给何时退出"的问题应是缺少长周期的综合计划。

20世纪80年代后，北京城市开始向外加速扩张，以北京老城承担临时性应急住房供给的策略，事实上已经具备调整和转向的条件。但在1982年版北京城市总体规划中，对北京老城的总体思路仍是以改造为主，虽然提出降低人口规模，但并未将老城退出应急住房供给状态作为重点和焦点。

20世纪90年代至21世纪初是北京市中心城区规模扩张最明显的时期，但在1992年版北京城市总体规划中，仍未系统讨论老城住房应急供给的退出问题，在中心城区新增建设中，并没有支持老城人口和功能外迁的清晰安排。事实上，这一时期北京老城的居住功能不仅没有向外有效转移，反而仍在就地扩大住房供给，占主导地位的思路是希望在短时间内通过危旧房改造彻底解决北京老城的住房问题。在这种思路影响下，这十余年时间里，老城的空间形态和居住形态都发生了剧烈改变。

21世纪初，北京市中心城区已经大规模扩张。在2004年版北京城市总体规划时，虽然认识到降低老城人口密度的紧迫性，以较大篇幅提出要疏解老城人口并解决老城住房问题，但是由于城市建成规模已然非常庞大，四环路以内已基本不具备承载老城人口住房外迁的空间条件，而且历史文化街区大量院落的空间和社会问题已经非常复杂，此时向外转移居住人口的难度大大增加。其后，在北京市人口规模、住房需求和住房价格持续上升的10余年时间中，历史文化街区中人口和居住功能退出的难度更大，除少数试点地区以外，大量居住片区很难有计划地、有效地降低人口密度了。

更重要的是，20世纪80年代以来的城镇化进程和北京城市规模扩张，对历史文化街区人口住房问题产生了两个方向的影响：一是许多家庭在城市规模扩张过程中购买住房自主外迁，人户分离现象凸显，历史文化街区中形成了许多空置住房；二是大量外来人口亟需低成本的临时住房，衰败的居住院落恰好满足这个需求。

所以历史文化街区中很快就形成了普遍的人户分离和外来人口聚集，北京老城的应急住房供给从临时性措施演变成了长期状态，以自建房为代表的临时性居住空间，日益难以拆除退出，并与人户分离、外来人口置入的社会变化糅合在一起，固化成为历史文化街区中一种特别的高密度居住形态。

纵观这个过程，北京老城先是承担了中华人民共和国成立初期北京市第一轮住房应急供给任务，却错失了退出窗口，继而又承担了城镇化进程中北京市第二轮外来人口住房过渡供给任务。

这里需要讨论的是，历史文化街区从住房应急供给状态或外来人口住房过渡供给状态怎样逐渐转向正常居住状态，其中适宜容纳多少居住人口，这种状态转换适宜采取什么样的人口迁出或人口置换方式？这是一个基础性问题。这里包含着两类状态的退出：一类是长时间处于居住困难状态的家庭，如何从住房应急供给状态转向住房保障状态或正常居住状态；另一类是市场机制下有能力购买商品房迁出的人户分离家庭和外来租住家庭，如何从住房过渡供给状态转向正常居住状态。

6.2 住房管理和人户分离

人户分离是中性的现象，而住房租赁管理政策在应对人户分离现象时的失灵，是从人户分离到人口无序聚集的主因。人户分离现象背后的居民自发外迁行动，是降低历史文化街区人口密度的历史机遇，完善住房租赁管理政策是抓住这次珍贵机遇的关键。

相较于私房，公房的人户分离问题更值得思考。由于一院多户的情况长期存在，而院落居住形态中以"间"为单位的住房本就不太容易流通，加之公有产权住房不能交易和租赁，也没有自上而下进行调控和再分配，所以院落中的住房流动总体是缓慢和迟滞的，家庭之间的经济社会条件和居住意愿差异，并不容易反映在住房所有权或承租权的变更或流通上，家庭条件、家庭意愿和实际的住房使用权或承租权是错位的，而非匹配的。这是公有产权住房中人户分离现象更加突出的根源。

从直管公房和单位产公房的初始制度设计和不同阶段的住房管理政策来看，这两类公有住房都有非常鲜明的保障性住房特征，初衷在于解决各使用单位、市民的房屋紧缺状况，具有保障性质和"产权公有，有条件分配使用权"的管理要求，"如不需用"时则有明确的退出机制。按照这种制度设计的初始路径，北京老城的公有住房使用过程应当是"分配—管理—退出—再分配"的循环。

> 1953年，北京市人民政府公布了《北京市公有房屋管理暂行办法》，其中第三条、第四条提出：各类单位产公房由使用单位负责修缮、保险及一切有关房屋保养的开支，但如果不再需要使用时，应交还房管局。1954年发布的《北京市人民政府房地产管理局关于民用公房出租的几项规定》中提及了申请公房的几个标准：公房中危险房屋住户；烈军属及转业军人无房居住者，借用房屋，业主确需收回自用，不能续住者；对国家有贡献者；工人无房居住，且服务单位无宿舍经查明属实者；外地干部调京工作确无房居住或机关干部原住单身宿舍，因结婚或生育且需雇用保姆者；依一般生活习惯，不能同居一室，且十分拥挤者（如翁、媳、双夫妇、成年兄、妹、姐、弟等情况）；住民房危险，业主确无力修缮者；上级交办之特殊情况者。

公房管理政策的原定计划里，不仅具有退出机制，也有流动置换机制。1987年，《北京市人民政府关于城市公有房屋管理的若干规定》明确了单位产公房由单位自行管理，直管公房由房管机关或国家授权企业管理，其中还提及"公房所有权单位，应根据方便生活、有利生产、自愿互利的原则，开展职工住房的互换工作"。这是"公房平移置换"的早期设想。

从政策回溯可以看出，公有住房分配、管理、置换、退出的顶层设计是比较清晰的。但在实际情况中，单位产权公房分配给职工后即由职工家庭处置，直管公房分配后即由承租家庭处置，房管部门只负责房屋维护修缮，并未对居民使用房屋情况进行管理，也未真正启动过置换和退出机制。

20世纪80年代后，公有住房轻管理、轻退出的影响开始显现，人户分离家庭虽然已经不再需用公房，但并未交还，在事实上形成公房承租家庭近乎拥有永久使用权的局面。

这种"近永久使用权"在一次次的政策改革中得了默认，公房承租家庭实际上拥有房屋的长期使用权，并可以用"使用权"换取略低于"所有权"的收益。在2004年出台的《关于鼓励单位和个人购买北京旧城历史文化保护区四合院等房屋的试行规定》中提出："公有住房的产权单位，也可以按有关规定协商迁出现住户或有偿回购公房使用权，对房屋进行修缮后自用或出租、出售。四合院居民可以自行组织对房屋进行保护和修缮，也可以协商一致整体出售现住房的使用权或产权。"而从近20年来的补偿标准看，在杨梅竹斜街、什刹海、白塔寺、南锣鼓巷四条胡同等诸多腾退改善项目中，公房承租权获得的补偿金或安置房条件，大约相当于私房所有权的八九成。在2018年《关于加强直管公房管理的意见》中明确，直管公房承租家庭腾退后，可以申请购买区政府提供的共有产权房或承租公租房。

由于人户分离家庭确实已不需用公房，而公房的"近永久使用权"又不能通过交易方式流通，因此这些住房就有通过租赁方式进入市场的强烈需求，租赁管理稍有滞后，无序转租转借就会大规模出现。而在很长一段时期内，各类公房管理部门的租赁管理确实处于宽松状况，"承租者不得擅自将承租的房屋转租、转让、转借他人或擅自调换使用"[1]的政策要求并没有严格执行，人户分离的居民家庭普遍将房屋转租或者转借给外来人口，发生了实际上的人口置换。

至2000年，北京老城内人户一致的常住人口比例已经从1990年的95.5%下降至72%。根据2013年的历史文化街区保护规划实施评估数据，大量历史文化街区外来人口占比均高达20%以上，局部地区甚至高达三分之一（表6.1）。

表6.1　2013年北京老城历史文化街区居住与外来人口情况

街区名称	户籍人口（万人）	常住人口（万人）	外来人口占比
大栅栏	5.7	3.0	1/3
鲜鱼口	1.9	1.3	1/4
什刹海	8.57	6.36	1/3
南锣鼓巷	3.0	2.5	1/5
景山八片（西城）	0.82	0.95	1/3
景山八片（东城）	2.07	1.85	1/6
西四北头条至八条	1.29	0.86	1/5
东四北三条至八条	0.95	2.16	1/4

资料来源：笔者根据2013年北京市历史文化街区保护规划实施评估资料整理。

由于缺少住房租赁的管理和引导，有能力自主外迁居民家庭的经济社会条件明显高于自发租赁置入家庭的条件，这种人口置换形成了一种螺旋向下的循环：本地中高收入居民家庭迁出，本地中低收入居民家庭和外来中低收入家庭日益聚集，形成了一种"贫困聚居"现象，实际居住家庭的经济社会总体水平一直没有提高，改善环境的能力和意愿也就无法提高。

外来人口的聚集，产生了一系列新的社会现象。一方面，外来租住人口一般为非京籍，年龄层主要集中在20～40岁的青壮年，家庭结构主要为单身青年、中青年夫妻或带老人孩子的"2+1""2+1+1"形式。他们的收入虽然并不

1.《北京市人民政府关于城市公有房屋管理的若干规定》（京政发〔1987〕109号）。

过低，但需承担住房租金以及相对更多的医疗和教育支出，在社会福利、社区服务等方面与本地居民存在明显差异，加之收入多不稳定，因此实际的生活水平往往远低于本地居民。另外，由于居住时间较短，流动性大，租户之间、租户与居民之间很难建立信任，租户在日常社会活动、亲朋好友联系、情感交流以及公民参与权利等方面处于明显的劣势地位，这种情况下，租户难以真正融入邻里。另一方面，针对外来租住人口的公共管理也较为滞后，相应的卫生、噪声、交通、治安等问题突出，在一定程度上加剧了社会问题的产生。

外来人口的聚集与物质环境的衰败互为因果。由于基础设施缺乏、物质环境的衰败和部分居民的主动迁出，历史文化街区内的居住环境较差，吸引的群体大多是城市中低收入外来人口；而中低收入外来人口受教育水平与收入显著偏低，显然缺乏改善居住环境的能力和动力，也很难与原有居民形成改善居住条件的共识，进而造成了物质环境的持续衰败。

回顾这一系列过程，居民家庭自发外迁的规模远高于政府主导的外迁腾退规模，是降低历史文化街区人口规模和居住密度的一次珍贵历史机遇，甚至可谓最关键因素。在这次历史机遇中，公房承租权退出和住房租赁管理是两个关键机制。公房承租权退出机制失灵之后，承租家庭事实上拥有了近永久使用权，这种情况下，完全依靠申请式退租（赎买使用权）的代价十分巨大，既非必要，也不宜大规模实施，公房中仍不可避免会有大量的人户分离家庭。因此，住房租赁管理是降低历史文化街区实际居住密度和改善留住家庭居住条件的另一个关键契机。近几年的公房转租转借清理行动或许预示着住房租赁规范化管理即将开启，但我们的目标显然不应仅停留在解决转租转借问题。我们迫切需要认真讨论的系统性问题，应是通过完善住房租赁管理机制来优化利用历史文化街区中的住房资源，形成住房资源流动、住房保障和居住改善体系。

6.3 居住困难和居住保障

以家庭住房面积或者家庭人均实际住房面积的差异来看，历史文化街区中家庭居住条件两极分化非常突出，其中较差一端的占比很大，假如这些居住困难家庭不能得到妥当保障，传统胡同四合院风貌的保护就无从谈起。

历史文化街区中的居住困难具有一些独特特征。一是历史文化街区中居住困难情况的占比很高，在这一特定地区内具有普遍性。针对这种特定地区普遍存在的住房困难，是否应采取针对性居住保障措施？这一点值得探讨。二是历史文化街区中居住困难与自建加建房、院落空间挤占密切相关，解决居住困难不仅是民生改善的问题，同时叠加了传统风貌或者说历史文化价值保护的问题，具有一定的特殊性。三是历史文化街区中同时并存大量的人户分离家庭与居住困难家庭，住房类型接近，住房资源的富余与紧缺并存，是否需要在历史文化街区范围内调节住房资源？这一点同样值得讨论。

20世纪末以来的北京市住房保障体系，尚未对历史文化街区居住困难的这些特征做出针对性安排。在北京市住房保障体系中，主要的依据是家庭人均住房使用面积（小于15平方米）和家庭年收入水平，主要的保障方式是提供共有产权住房、公共租赁住房和市场租房补贴等。以北京市统一标准来解决历史文化街区居住困难的保障问题，很难进行精细化的居住困难评估。在调查中，一个家庭案例很典型。其家庭人均住房面积不足7平方米，家庭年收入虽然不高，却超出了保障性住房申请标准，依靠自身收入又不足以购买商品房或按照市场价格租赁住房，因此只能长期维持现状，家庭居住困难状况无法改善，自建加建房屋无法拆除，其所在院落的传统风貌保护也就很难实现。

近年来，历史文化街区居住困难的特殊性开始受到关注，例如：2018年《关于加强直管公房管理的意见》中，对历史文化街区中申请式腾退的共有产权房或公租房供给，以及长期居住在自建房内居民的公租房配租提供了特定支持。这种"特定支持"在新的申请式退租试点中似乎找到了方向。

例如：在西砖胡同申请式退租试点中，甄别申请退租家庭是否具有共有产权房屋购买资格，具备资格的家庭在获得退租补偿之后可以购买共有产权房屋，不具备资格的家庭则只能获得货币补偿。但试点依然有一些遗憾。一是前文中所提到的，申请退租的比例很高，其中过半家庭并不具备共有产权房屋购买资格，即家庭住房条件并不困难，这些家庭获得的货币补偿，实质是"承租权福利"兑现，这种兑现占用了很大一部分公共资金。二是这种以异地共有产权房屋置换公房承租权是目前的最主要方式，在历史文化街区内依然没有提供本地居住保障的有效方式。"想改善居住就要搬离历史文化街区"，显然，这仍然不是最终的理想状态，居住改善也许还应该在腾退外迁之外，寻找更加多元的解决方案。最后，也是最重要的，是申请式腾退或者申请式退租的核心本质是人口外迁，在人口外迁中获得所有权或使用权的耗费甚巨，由于缺少低成本的或公共资金高效利用的居住改善方法，申请式腾退或者申请式退租只能在很小范围内"试点"开展，对于大范围内的居住困难现象，仍无法提供有效的居住保障。

6.4 人口外迁和空间利用

20世纪90年代以来，关于北京老城的人口问题逐渐形成了一种判断：人口密度过大已经成为北京老城整体保护面临的结构性问题，人口外迁是主要的解决手段。

从现实情况看，人口密度过高确实是影响历史文化街区保护的基础性问题。例如：2015年西城区胡同四合院地区总户数约10万户，户均面积仅41平方米，其中私房与直管公房中的家庭占总户数的62.5%，约6万余户，户均居住面积仅30平方米。而且由于家庭之间的住房面积两极分化，部分地区、部分院落的实际居住面积还会更低。

从"居住面积过低""人口密度过高"到"人口外迁"的逻辑比较容易理解，但是"如何外迁人口"仍是一个未解的关键问题。

近20年的人口外迁方式大致可以分为两大类，一是集中连片的外迁，一是申请式的外迁。集中连片的外迁方式，试图将整片的家庭迁出，进行整体修缮改造，本质是以"空间的整体实施"作为决定性条件；而申请式的外迁方式，即家庭式申请或院落式申请的腾退或退租，则是以"居民意愿"作为决定性条件，让有外迁意愿的家庭迁出。这两种分别以单一的空间、意愿因素作为决定性条件的方法，都轻视了实际居住状况和居民意愿的分化。

在集中连片的人口外迁过程中，部分居民留住意愿强烈，某些地区试图进行的集中连片外迁工作陷入长期停滞，甚至加剧了空间衰败、社会矛盾。相比之下，申请式的人口外迁是尊重居民意愿的一种方式，近10年来在大栅栏、白塔寺、什刹海南锣鼓巷等地区分别进行了申请式的腾退，又在法源寺、钟鼓楼、景山等多地进行了申请式的退租，这些地区的探索总体都属于申请式的人口外迁，但在细节做法上又略有区别。例如：大栅栏杨梅竹斜街以"居民意愿"作为人口疏解的唯一标准，是家庭式的申请和外迁方式；在什刹海和白塔寺地区则增加了"整院腾退"的要求，需要院落内所有家庭达成一致；在法源寺、钟鼓楼、景山等地区的申请式退租，属于家庭式的申请外迁，但对象主要集中在直管公房之中。

从"空间决定"到"意愿决定"的人口外迁方式变化，虽然更注重居民意愿，但实际上对家庭分化的影响仍是预估不足。在申请式的人口外迁，尤其是家庭式申请的外迁过程中，产生了大量的、零散分布的腾退空间，有效利用极其困难；即使在院落式申请的外迁过程中，能够形成外迁共识的院落也往往规模很小，腾退后的空间依然面临利用困境。这样，在大量的公共资金投入之后，并未产生适宜再利用的空间资源，资金流转缓慢甚至趋于停滞，居住改善的工作只能"有多少钱办多少事"，成为一次性的投入。

> "当时确定了鲜鱼口地区采取居民全部外迁的方式，前期在西片区和草厂片区推进时实际上已经面临很多困难，我们克服困难完成了这两大片的工作，后来中间长巷这一片实在不好推动了，确实有不少居民不愿意外迁，有的是想提高补偿标准，有的是铁了心要留在这儿。"
>
> ——鲜鱼口地区腾退项目参与人员
>
> "杨梅竹斜街是第一个试点申请式人口疏解的地区，过程中充分体现了公众参与的意愿，但其实在试点这种人口疏解政策之前，比较欠缺考虑疏解后的空间利用问题。现在我们掌握了大量腾退房屋，但大多数分散在居民院落中，确实很难利用，我们也正在积极探索可能的利用方式。"
>
> ——杨梅竹斜街申请式腾退项目参与人员
>
> "从2013年开始，什刹海地区腾退形成了一百多个院落，有的院落可以作为居民服务设施，有的可以作为公共服务设施，有的可以发展文化产业，这些空间的再利用方案都在研究。""申请了5000多户，也疏解了不

少人，人口总量肯定是减少了。不过，有些居住困难家庭，按照补偿标准外迁安置的话，解决不了居住问题，本来就几平方米，几口子人，安置个一居两居的，还是不够住啊，所以他们还要在这儿接着住，起码有几间自建房。"

——什刹海住房与环境改善项目参与人员

(1) 集中连片外迁

集中连片外迁是一种总量化降低居住密度的方式，以简单方式应对复杂的空间社会问题，对社会结构、社区文化、传统风貌都产生了难以弥补的破坏，这种"一刀切"政策引起了广泛争议。

集中连片外迁以"改善居民生活"作为主要逻辑依据，但实际上，居住极困难家庭由于原有住房面积极小，主要依靠加建房屋解决基本居住困难问题，在外迁腾退补偿后，虽然名义上的住房面积得到增加，但由于安置住房的户型较为固定，也失去了加建房的非正式住房面积，实际的居住改善有限，少数家庭甚至面临更窘迫的居住情况。

同时，人户分离的家庭，尤其是公房中的人户分离家庭，通过这种集中连片的外迁，"变相实现了房屋的上市交易"，获得了超额的收益，与其他片区相比，形成了事实上的不公平。而如果从资金使用的角度看，这些片区占用了巨额的公共财政，必然挤压了其他片区的可用资金，也是一种潜在的不公平。

另外，集中连片外迁虽然降低了实施地区的居住密度，但带来了剧烈的社会结构重构，而且对周边地区的居住密度没有产生影响。集中连片进行腾退改造以后，由于较高的居住标准和房价，居住密度普遍降低，腾退片区往往置入了高收入家庭，演变成"高尚住区"，而周边地区依然如故，形成了两类居住密度截然不同的地区，新居民与周边地区的居民处于两极分化的阶层，不仅难言对周边片区的带动效应，甚至进一步产生了片区间的社会极化和割裂。

最重要的是，长期居住在历史文化街区中的原住居民，已经形成了独特的居住形态和社区文化传统，是历史文化街区文化价值的重要载体。在这种集中连片的外迁过程中，不仅社会结构发生了剧变，社区文化传统也发生了断裂，对传统文化的传承产生了难以弥补的损害。

总体而言，集中连片外迁的方式，虽然实现了表面上的物质空间环境保护，街巷胡同风貌和房屋质量得到了迅速改善，但产生了剧烈的社会冲击和文化割裂，占用了巨额的公共财政资金，对本地居民居住改善发挥的作用有限。

（2）家庭式申请外迁

家庭式申请外迁实质上仍未摆脱总量化降低居住密度的核心策略，改变的是"统计意义"的人均住房面积或居住密度，但并未解决精细化调节微观居住密度的问题。此外，过高比例外迁、占用巨额资金和腾退空间再利用难等问题突出。

首先，外迁过程中的居住改善效果局限。完全依照居民家庭的外迁意愿实施，外迁过程中并不能准确地评估居民家庭的实际住房情况，申请家庭中既有住房极困难的家庭，也有人户分离并不实际居住在此的家庭。通过对申请登记家庭的住房条件分析，当家庭住房面积在外迁过程中能最大比例得利时，家庭的外迁意愿最强，这意味着完全自愿申请的外迁方式，实际上是"补偿利益最大化"导向的，因此造成了大量能够获得最大补偿利益的家庭选择外迁，而居住最困难家庭的外迁比例并不突出。

其次，外迁后的空间资源再利用困难。无差别的家庭式申请外迁，由于居民意愿的碎片化，腾退后的空间马赛克状无序分布，大多数腾退住房是散布的建筑甚至开间，在申请外迁之前，并未对腾退住房的再利用进行预判和规划，疏解之后再进行居住改善研究，就难以实现有效利用。

从福祥社区四条胡同的申请式腾退结果看，采取的是与杨梅竹斜街类似的家庭式申请腾退，居民自主决策选择腾退搬迁或者继续留住，在签约户涉及的59个院落中，只有12个院落为整院签约，剩余47个院落均有居民留住，家庭意愿的马赛克状空间分布现象非常明显。

鲜鱼口地区的案例则显示出疏解腾退之后再进行居住空间的整合将非常困难。鲜鱼口地区前门东片原计划居民全部外迁，但实施过程中仍有5000余人留住在此。负责鲜鱼口地区腾退院落运营的工作人员曾介绍："2009年开始尝试平移，非整院的尽量劝居民平移。平移方式是在原有面积基础上增加一半的住房面积，再白送一个厨房。但2009—2010年平移总计不到100户，一方面因为居民本身不乐意搬，另一方面有些院落人腾少了以后，原本在这个院住的居民也不愿意其他人再平移进来。"

最后，外迁的资源投入方式仍值得商榷。家庭式申请外迁腾退过程中，出现了明显的高比例外迁情况，不少居民并不存在居住困难，但追求外迁补偿的经济利益而申请外迁，占用了巨额的公共财政资金。这种完全以居民意愿作为决定方式的人口疏解、资金投入方式，能否在历史文化街区全面实施，也是值得讨论的问题。

因此，虽然家庭申请式外迁降低了片区或院落的居住密度，但由于缺乏适宜的家庭居住密度调节方式，留住家庭虽然获益于院落公共空间改善，但家庭住房条件改善仍难以实现。

(3) 院落式申请外迁

相对于家庭式申请外迁，院落式申请外迁在空间再利用方面具有一定的优势，但从实施情况看，仍然存在一定的不足。

首先，在院落和家庭居住密度两极分化和马赛克状分布的情况下，居民外迁的意愿难以统一，在激励程度不强的前提下，能够在整个院落形成外迁共识的比例非常低，能够实现整院外迁的院落数量很少。

其次，在外迁过程中仍然存在与家庭式申请外迁相似的问题，通过外迁直接带动居住改善的效果并不明显，申请外迁的住房极困难家庭占比较低，很多申请外迁家庭在北京市内有其他住房，属于经济社会条件较好的家庭类型。

从微观的角度，虽然通过人口外迁降低了片区的整体居住密度，但外迁居民集中在少数院落之中，留住院落中的家庭条件仍未改变，留住院落的风貌保护和居住改善则依然难以实现。

(4) 反思

总体而言，相对于集中连片的人口外迁，申请式外迁更加注重居民意愿，但仍有一些不完善、不妥当的地方。

首先，人口外迁政策的整体计划明显不足，人口外迁政策本身仅以"人口总量的减少"为导向，没有形成"人口与功能外迁—房屋修缮—利用运营"的整体性方法。

其次，外迁过程中直接实现的居住改善效果存在局限。居住极困难家庭在外迁过程中，所能够置换的住房面积较为固定，实际改善的程度有限，而能够在外迁中获得最大化补偿利益的家庭，往往并非居住困难家庭。

最后，留住居民基本未实现显著的居住改善。在申请式外迁政策的实施区域，外迁腾退是以居民意愿为导向，而不是空间再利用为导向，虽然腾退空间提供了公共服务和市政基础设施，但并未通过平移、租赁或补贴的方式转变为改善留住家庭居住条件的空间。对于居住困难家庭而言，最紧缺的居住空间并未得到有效增加。留住居民居住空间不能有效增加，院落中的加建住房和院落外溢的堆放、停放问题就难以彻底解决。从这个角度看，目前的人口疏解方式对于风貌保护的带动效应并不乐观。

此外，申请式退租已经启动了很多处试点，动辄面对高达60%、70%甚至90%的公房退租申请，其中不乏早已是人户分离的家庭。我们应该采取无差别的"使用权赎买"吗，是否有充足的公共资金进行这种赎买呢？有限的公共资金是否应该更加关注居住困难家庭的退租申请，而延后非困难家庭的"承租权福利"兑现呢？简单地说，承租权究竟应当如何退出，是需要慎重思考的问题。

6.5 重点投入和均衡改善

中华人民共和国成立之初至划定历史文化街区的半个世纪中，历史文化街区所在的区域大致采取的是相似的基本维护方式，并通过加建房屋增加居住面积。这一时期，历史文化街区所在的区域基本处于"普遍较差的同质状态"，资金的投入规模是比较小的。

自1999年公布第一批25片历史文化保护区名单，到2002年正式批复第一批《北京旧城二十五片历史文化保护区保护规划》，历史文化街区以外的区域发生了剧烈的变化，小部分历史文化街区中也受波及（例如牛街），但大多数历史文化街区中尚未进行明显的资金投入和空间行动。

2002年以来，历史文化街区中开始投入更多的资金，尤其在"1+6"的试点地区投入了大量的公共财政资源。近20年来，这种在重点地区、重点街巷、重点院落进行重点投入的逻辑，一直延续了下来。

(1) 重点片区的投入和发展

从整体规模看，北京老城历史文化街区合计33片，历史文化街区各具特点，面临的问题也不尽相同，按照统一进度、标准和方法进行保护显然并不科学，所以确有必要进行试点、重点或者先导性的投入。

但"试点""重点""先导性"的典型投入，究竟是探索性、阶段性、关键性地带动了历史文化街区复兴，还是造成了局部片区的迅速重构，从试点、重点、先导性的初衷异化引发了历史文化街区的碎片化？大致可以从实施目标、实施规模和资金投入等角度来讨论（表6.2）。

表6.2　保护实践的预设目标和特征简要分类

判断标准	试点片区	先导性片区	整体实施	普惠改善
核心目标	策略探索	带动周边片区	全面改善	阶段性改善
实施规模	小	中	大	大
资金投入	低	高	高	低

作为试点地区，其基本特征至少应有两点：一是规模较小，不产生全局性影响；二是能够为后续实践提供有效经验。从这两点看，如菊儿胡同有机更新（1989年）、烟袋斜街环境整治（1999年）、大小石碑胡同小规模渐进式居住改善（2003年）应是具备"试点"的特征。在行动实施后，虽然这些片区的空间环境、居住状况或商业特征大幅变化，但规模都比较小，资金投入比较低，形成了清晰的实施经验，即使其中某些做法未必可以推广，作为试点仍不失探索和传递经验的基本属性。

南池子地区（2002年）、大栅栏北京坊（2005年）、南锣鼓巷玉河沿线

（2005年）、杨梅竹斜街（2011年）等地区的实践，大体应归类为"重点"或"先导性"的行动，它们在投资量、涉及居民数量和建设量等方面要比"试点"所需的规模更大，目标是发挥"先导性"作用，带动周边地区的改善。但实际上这些高投入片区对周边片区的带动效应似乎并不突出，甚至形成了强烈反差和对比。前门大街与鲜鱼口地区的实践，规模更是超越"重点"或"先导性"改善的程度，已然是对历史文化街区进行的彻底重构，试图整体进行腾退外迁、修缮和更新改造利用，具有"一步到位""整体行动"的性质。

重点或先导性行动，其成效大致可以从三个角度来判断。一是区域带动性。这些局部地区行动是带动了街区的整体复兴，还是仅通过较高的财政投入实现自身小范围内的改善？二是社会延续性。在实践过程中，是否充分尊重了居民意愿，保障了居民基本利益，并保留相当比例的原住居民或传统功能，以此来确保重点实施片区的居民支持和社区记忆？三是整体均衡性。实施中是否采用了过高标准，是否投入过大而潜在地挤占了其他片区资源？

从这样的角度来衡量，重点实施片区投入了大量的公共资源，迅速改变了这些片区的风貌、环境和设施，局部片区形成了四合院"有钱人搬进来，没钱人搬出去"的现象，出现规模化的人口置换；也有部分旅游和商业片区传统风貌和基础设施迅速改善，形成知名的旅游和商业地标片区，甚至被认为"过度商业化"。而普惠式行动并未有足够的投入和改善行动，许多居住片区弱势群体聚集，居住密度高，产生了相对封闭的社会阶层群体，相应地，空间也持续衰败。历史文化街区的整体状况从"普遍较差的同质状态"，转变为"两极分化的割裂状态"，显然说明很多片区的重点或先导性行动没有实现理想目标，更像是"相对孤立的保护实践"。

（2）重点街巷的投入和反馈

街巷胡同环境整治一直是历史文化街区的重要空间行动方式，近20年来，多数街巷胡同环境整治的目标和逻辑是相似和延续的，往往采取路面铺装、沿街建筑立面整饬、街道家具补齐和小微景观建设的方式；资金投入更充足的时候，则会同时进行市政基础设施，如排水管线、电力线路的改造。随着居民参与越来越成为一种潮流，行动中开始比较广泛地征集居民意见，以及成立居民自治组织来保持整治成效，其中有不少街巷胡同中会宣传生动的居民参与故事，成为标志性的案例。

显然，街巷胡同环境整治实实在在地改善了公共空间质量，如果按照线性的逻辑，公共空间得到改善，居民得益并表示赞赏，公共投入取得成效，是皆大欢喜的结局。然而，在私下进行的调查中，居民评价并非如媒体或研究报告中所展示的普遍性支持，在肯定公共空间改善效果时，居民常将其与院落内部"离家庭生活更近的杂乱空间"进行对比；即使是设计师或具体实施的行动者，也并不讳言街巷环境整治"一层皮"的问题。

有两类比较具有代表性的观点：一是认为街巷环境整治的空间行动局限在街巷胡同本身，很难对居住院落内部产生实质性影响，"进不了院""解决不了主要问题"；二是部分街巷环境整治投入的成本高，投入的内容"并不是老百姓得到实惠最多的路子"，并非资金高效利用的优先选择。

第一种观点，来自于居民的意愿和街巷胡同的实际情况。长期以来，在大量的问卷调查中，居民家庭关心问题的排序始终是住房面积/产权/生活设施、院落环境/街巷环境和公共服务设施，即"家庭">"院落">"街巷"，以家庭为中心，向外逐渐减弱的意愿诉求。在院落环境或者自有住房条件没有得到改善的情况下，街巷环境整治会被认为是一种非核心的行动。而且，街巷胡同环境问题很多来自居住院落内部问题的外溢，例如院落内部的晾晒、非机动车停放、杂物堆放等，实质上仍属于院落内部的居住需求，因此在院落内部居住困难没有实质性改善之前，单一的街巷胡同环境整治可能成效有限。

第二种观点，则来自于居民对于街巷胡同环境整治资金投入的反馈，以及由此带来的反思。在公共资金总量不变的情况下，街巷环境整治的目标设定过高，投入成本过大，甚至是"过度设计"，会大幅减少可改善街巷胡同的数量。所以精明地选择实施内容，是街巷胡同投入中需要倍加重视的环节。

简单地说，值得讨论的是，资金适宜投入到若干"重点"街巷，还是更加均衡地投入到大量的"一般"街巷？需要公共资金投入的最关键内容是哪些，哪些关键投入能够真正激发居民或社会资本的接续投入呢？

（3）非均衡的院落保护

据《古都北京五十年演变录》研究，1949年"旧城墙范围内共有房屋1677万平方米，其中住宅1160万平方米。其建造年代，大体上一半建于清末以前，一半建于民国时代。明清时代建造的好四合院约占20%～30%，多分布在东城与西城，居者多为旧官僚与商人；清末至20世纪30年代建造起来的格局较为简单的大杂院式平房约占50%；还有20%左右的房屋为清代驻军的营房和贫民住宅，大多分布在北城与外城以及关厢沿城墙根和坛根一带"[2]。

所以，北京老城的院落，本就具有不同保存状态，以及不同重要程度的遗产价值，也应该采取差异化的保护措施。但在目前的差异化保护措施中，似乎对"不太重要的"院落投入过少，这些院落已经面临价值丧失的威胁。

文保单位、历史建筑以及其他具有突出遗产价值而并未纳入保护范畴的院落，是应当优先进行保护修缮的对象。但从现实情况看，这些院落保护状况两极分化。国家级文保单位普遍进行了良好修缮维护，一部分是使用方配合文物保护相关部门进行了较好的日常维护修缮，一部分是文物保护相关部门与其他实施主体联合进行了腾退修缮。相比之下，市级、区级文物保护单位和其他具有突出遗产价值院落的保护状况就差得多，或居住密度高，或占用单位重视不足，院落内部加建、翻建等现状情况普遍，存在着严重隐患，保护状况堪忧，许多院落正在逐步失去保护价值。除此之外，还有大量的一般居住院落，虽然遗产价值并不突出，但显然仍有其值得保护之处，但这类院落中的绝大多数既不属于试点或重点片区，也不属于文保单位、历史建筑或保护类院落，保存状况更加令人担心。

历史文化街区划定以来的普惠性院落行动，主要包括煤改电等基础设施改善、危旧房屋翻修、沿街立面整修等。另外，由于公房仅进行日常维护，私房依靠居民家庭的自我更新，院落内部的建筑质量风貌和自建加建情况并未明显改观。2013年北京市历史文化街区保护规划实施评估刻画了划定历史文化街区后10余年来大量院落与建筑空间环境的演变情况。评估的14片历史文化街区共计8.41平方公里，占老城历史文化街区总面积的40.8%；评估地区均以居住功能

---

2. 董光器：《古都北京五十年演变录》，东南大学出版社，2006，第195页。

为主，例如西四北头条至八条地区居住用地占80%，南锣鼓巷地区居住用地占70%，东四三条至八条地区居住用地占60%。评估结果喜忧参半，一方面，文物数量增加，文物修缮腾退成效显著，房屋修缮、三大设施完善、环境提升取得一定成果；另一方面，私搭乱建愈演愈烈，近乎失控，除文物建筑外，传统建筑保护与更新基本未能实现，居住院落中人口密度大，居住条件总体较差，差异分化明显，各街区人均产权住房面积均值约在7～9平方米，既有几千万的高档四合院，也有人均产权住房面积低至3～5平方米的大杂院[3]。

从这些情况来看，院落保护面临的突出问题同样在于"均衡"。当公共资金集中在少量院落时，大规模的其他院落缺少最基本的质量风貌保障，而受限于公共资金总量，依靠公共资金直接投入来改善所有院落几乎不可能实现。也许，在院落保护过程中，转变公共资金直接地、包揽式地投入少数院落的策略，更多采取激励式的、引导式的公共资金投入方式，才能够实现公共资金高效利用和大量院落有效而均衡的改善。

6.6 日常治理

如果说人口外迁、空间行动和资金投入大多以短时期的"项目"带来迅速改变，那么日常治理则是通过长时期的"管控"和"参与"施加影响，直接而持续地塑造着功能业态和物质空间环境，这种潜移默化的影响深刻而长远。

（1）统一标准和弹性评估

商业业态管控是历史文化街区的一个治理难题，过去经常采取的有业态专项规划、业态禁限准入标准和经营行为管理等方法。这些管控方式的目标比较明确，希望商业内容更加贴近历史文化街区的文化特质，希望商业空间更加舒适宜人，希望商业发展便利本地居民的生活，并带来一定的就业或收入机会。但是，这些管控方式似乎并未真正厘清历史文化街区空间特性、市场逻辑和各类群

---

3. 2013年北京市历史文化街区保护规划实施评估资料。

体行为的内在关系，激励措施并不足以吸引"理想对象"，管控措施又往往不够精细化，单一的禁限控制措施在杜绝一些"不适合业态"的同时，也将许多有益的功能拒之门外。

从空间条件看，历史文化街区中房屋体量小，数量大，与其他城市地区有明显差异，而且街区之间的文化特征也各不相同，但业态管控以《北京市新增产业的禁止和限制目录》为标准统一管理，各个地区可供选择的商业业态大体相同，商业业态变更也多以市区两级的统一政策为准。这些问题虽然在局部地区能够以"一事一议"的方式作为补充，但并不能解决单一化、一刀切方式的弊病，商业业态的僵化管控，甚至已经成为历史文化街区活化利用过程中最受"抱怨"的问题。历史文化街区商业业态在哪些方面适宜统一管理，因地制宜的弹性程度应该如何设置，应是功能管控要讨论的首要问题。

统一还是弹性的商业业态管控方式讨论，实则是如何评估商业业态的适宜性，如何看待商业业态的"文化内涵""社会效益"和"租金支付能力"。很多盈利能力强，支付租金能力强，但与传统文化内涵关联度很低，从业群体、消费群体与本地居民的关联度也很低的商业，在历史文化街区寻找到了最适宜的土壤。在历史文化街区的商业地区，几乎没有对一般性商业活动与传统文化类功能的比例管控，也极少进行差异化的租金、税金管理或其他引导。一般性的餐饮、零售常常占据主要比例，短视逐利的商业行为很容易占据大多数商业空间；而一些文化特色突出、本地居民参与度高的商业，盈利能力却偏低，当缺少鼓励性政策，很容易就湮灭在激烈竞争的租金压力中。在这个过程中，局部片区居民以商业经营和出租房屋获得较大的经济收益，更多居民很难分享相应的经济效益，却同样承担了由此带来的噪声、安全、卫生等问题，居民与从业、服务群体之间的社会矛盾日益突出，日渐形成了不同群体间的割裂与冲突。

而在居住片区，生活服务型商业往往是自由蔓延的，沿着一条胡同，连绵不断地分布着小餐馆、便利店、菜摊、熟食档口、理发店和早点铺，充满了烟火气息，但也存在着多种多样的卫生隐患，掺杂着不少具有危险性的小加工作坊。混杂和博弈积累数十年形成的内在逻辑是千头万绪的，人们对待这种自然演化形成的复杂秩序的态度常常截然不同：有的观点认为这是真正的活力，对历史文化街区"利大于弊"，认为应该采取宽容的态度；有的观点则非常担忧安全隐患，而且认为随之而来的大量"未经技能培训的低收入就业群体"租住在居住院落内，加剧了居住空间不足的情况，认为对这些商业业态的管控与加建违建、挤占绿地、乱停乱放的空间管控是一体的。这些观点的差异，实则在讨论生活服务型商业的"价值内涵""社会效益"究竟存在于何处。

（2）常态治理和运动式整治

在旅游和商业繁荣发展的片区，或者集中连片更新改造的片区，由于在相对集中的空间行动中建立了新的空间秩序，所以比较容易实现对房屋体形外观、交通等基本空间秩序的管控，将公共空间甚至院落空间纳入常态化的公共管控。但一般居住片区的情况要复杂许多，往往长时间内公共管控滞后，空间弊病沉积多年，试图运动式整治时，各类问题交织。

历史文化街区公共空间秩序形成于数十年的博弈和演化，除了小部分片区在集中连片更新改造中重构空间秩序之外，大部分片区的公共空间使用和停车、晾晒等诸多行为，以及房屋维护改造，是不断生长和层积的空间行为。在这个过程中，公共空间的管控往往是阶段性、断断续续甚至前后矛盾的。

"开墙打洞"治理是典型的案例。在北京，"开墙打洞"一般指的是由20世纪80年代开始，未经规划管理批准，私自改变房屋建成时的原始状态，将临街住宅"由居改商"的现象。第一批历史文化保护区范围划定和编制相关规划始于1999年，其后，关于房屋用途和立面风貌缺乏系统、长效的制度、规划和管理措施，并没有针对"开墙打洞"现象进行有效管控。经过一段时间的商业发展，在一些胡同街巷通过"开墙打洞"形成了具有一定特色的商业或文化氛围。围绕这些地区的典型案例，是否应该一刀切地对"开墙打洞"进行治理，引起了广泛的讨论。有的观点认为，"开墙打洞"带来了城市的活力，带来了丰富的"街道的眼睛"[4]，提升了社区安全水平，对于城市的作用是"利大于弊"，认为应该采取宽容的态度。有的观点则认为，"开墙打洞"行为改变了房屋主体

---

4. 简·雅各布斯：《美国大城市的死与生》，金衡山译，译林出版社，2006。

结构，带来了安全隐患，而且"开墙打洞"行为往往与加盖违建、挤占绿地、堵塞消防通道等其他行为伴生，极大地困扰了普通居民生活。

最近几年的街巷胡同环境整治正试图迅速地、快刀斩乱麻式地解决这些问题。关停、拆违、封墙、堵洞这些空间行动短时间内能够完成，但居民真实的需求和日积月累的习惯，或许并不容易完全改变，成效如何，需要很长一段时间来观察。关于"开墙打洞"现象的争论和行动，正是来源于长时期内对街巷胡同空间的管控缺失，也是常态管控不足和运动式整治的实例（图6.1）。

图6.1 "开墙打洞"治理过程中的景象

长期"开墙打洞"形成的商业设施，很多是服务本地居民的便利店、菜店和日常服务维修店铺。封墙堵洞后，居民仍有实际需要，这些店铺并没有彻底地关停。

图片来源：笔者2018年摄于什刹海。

第
七
章

关于界线的思考

把历史文化街区当作孤立的地区，老城整体保护就难以实现。同样，历史文化街区内的片区、院落、家庭如同有机整体的器官、组织和细胞，如果缺乏系统性的政策、制度、财政、策略和空间安排，也许单个看起来还不错，但合并起来就暴露出种种问题。问题背后是认知的困惑，如果困惑不解，我们还将制造出更多的问题。

碎片化的产生、加剧和螺旋持续，缘于一系列公共政策、空间实践与管控参与方式的失效，更深入一点，应是缘于各类界线的模糊、收缩、切割和脱节。这里所说的界线，包括了规则界线、空间界线和治理界线。

规则界线主要指价值共识、保护理念、政策体系和行政框架，这些构成了历史文化街区保护的基本规则边界。价值共识的一致解读，保护理念的延续，法规政策的整体性，公共部门之间的协调性，是历史文化街区实现整体保护的基础。

空间界线具有多重的含义。从空间的范围看，既有公共部门之间的管理界线、公共部门和家庭之间的公私空间边界，也有家庭之间的空间边界；如果从空间行动措施角度，还包含着不同部门或家庭在同一空间中的行动内容边界；如果从空间的时空叠加看，则是空间行动在不同时段的交叠边界。以横向的空间范围、纵向的行动措施、时间的阶段划分，可以将"空间"切分为大量的时空片段。

治理界线主要涉及公共管理、居民参与或居民自治的边界，这种权责利益边界的划分包括了公共管理行为之间、居民行为之间以及公共管理与居民参与之间的界线，等等。其中公共管理与居民参与之间的边界区分是最受关注的。

理想状况下，历史文化街区中"完整而清晰的界线"应当完整覆盖空间与社会边界：制度政策和法规条例是显性的规则边界，而具有共识的程序、约定俗成的习惯等则是隐性的规则边界；在公共设施、公共空间、街巷胡同、院落建筑等空间中，或公或私的空间边界衔接有序，不同范围、不同类型、不同措施、不同时间的空间行动融为一体；公共部门、各类群体和家庭个体的权利义务边界清晰。如果与理想状况相比较，我们就会观察到历史文化街区中明显的边界模糊、收缩、切割和脱节问题。

首先，保护价值评价、保护发展路径、住房政策、空间行动准则等一系列规则体系的模糊和收缩，实质上导致缺乏可遵循依据的清晰界线。其次，为了简化分工或避免交叠冲突，公权部门之间往往相互收缩权利和义务界线，在公权—公权之间形成了许多细碎的空间间隙或空间切割。最后，在规则和空间边界的错位之处，既缺乏公共管控和居民自治的主动弥补，又缺乏如乡村一般的血缘或声望体系影响，加之空间资源极度紧缺，个体之间的博弈动力远大于合作意愿，博弈的行为就会迅速挤占界线收缩后的间隙，并成为一种"负面的约定俗成的习惯"。当这种习惯延续数十年，经历了代际的传递和固化之后，重新填补间隙就异常困难；如果在填补过程中，采取了失当的方法，那么这种困境就更加被放大。

以非常微观的例子来看，当一个居住院落由于价值共识和管理规则界线不清晰，院落空间和住房空间的权责界线不明确，公共管理不介入院落公共空间，居民之间又没有形成自我管理维护机制时，院落中势必形成加建杂乱、堆放侵占的状况。这种状况历经数十年，就会成为更加复杂的痼疾，待这时，无论是公共管理介入，还是居民合作自我改善，都难以奏效。

过去，对于这种"界线"常是笼统的类型划分，例如"政府""市场"和"社会"的划分，这种笼统的、抽象的划分存在一个明显的假设，即公共部门内部、市场主体内部或者居民群体内部具有内在的利益和行为一致性。但从历史文化街区片区之间、院落之间、家庭之间的碎片化来看，我们面临的界线模糊、收缩、切割和脱节，无法靠"抽象"的群体关系来解释，而需要对"具体"的个体有充分的区分。这种无处不在的边界，可以通过一些简化的场景来理解。

场景一：某地区的危旧房改造讨论

A部门："完全以政府部门投入方式，难以完成大规模的危旧房改造，我们拟出台管理办法，引入社会资本参与危旧房改造。"

B部门："资本是逐利的，现阶段以商业开发方式带动危旧房改造，会不会出现'挑肥拣瘦'，部分区位优越地区开发后，其他地区陷入停顿？另外，是否要限定建设形式，容积率和高度，避免影响整体风貌？"

A部门："我们现在讨论的是引入社会资本问题和危旧房改造问题，关键在于解决老百姓的实际居住困难和资金缺口，风貌的问题是另一个问题，应该在具体项目时另行考虑吧。"

场景二：两个地区的人口住房政策讨论

A部门："甲片区准备把居民都外迁了，建设成很有特色的商业街区；乙片区准备让居民提交申请，谁想外迁就外迁，不想外迁的也不强求；我们准备采取什么措施，现在有明确的结论吗？"

Z部门："目前还没有。"

B部门："如果集中连片外迁，会不会有很多居民不愿意，而且大规模拆除重建，是不是有悖于保护的基本原则？如果完全采取居民自愿外迁的方式，大杂院里有的走，有的留，以后怎么利用这些房屋呢？"

A部门："我们的核心任务是进行人口疏解和环境改善，这两种方案都有可取之处，这两个方案都可以降低人口总量，先把腾退工作做完，以后再确定怎么利用吧。"

场景三：某道路整修讨论

C部门："为了改善交通混行情况，我们决定在这条道路增设隔离护栏。"

D部门："为了便于居民出行，我们决定在这条道路增加道路标识系统。"

E部门："为了便于游客出行，我们决定在这条道路增加旅游标识系统。"

F部门："为了体现文化遗产价值，我们决定在这条道路增加文物保护标识。"

G部门："为了改善街巷胡同环境，我们决定对这条道路进行重新铺装和立面粉刷。"

场景四：某院落内部居民讨论

J家庭："我想在院子里放个花架。"

K家庭："我想在院子里存放装修剩下的建材。"

L家庭："电动车总淋雨，我得搭个小棚子。"

M家庭："院子本来就小，这么乱放就没人管吗？"

Y部门："院落内部的事情由你们自行处理，如果有房屋加建改建，请向我们举报。"

7.1 共识准则界线的模糊

什么是需要保护的，什么样的实践是"好"的，或者说价值共识、评价标准和基本行动理念，长期以来并没有形成清晰的界线。这种界线的长时间模糊，是历史文化街区碎片化的根本原因，让历史文化街区的保护内容，院落建筑的质量风貌辨识标准，保护更新方式的具体做法等很多关键性问题，都存在这样或那样的困惑。

(1) 价值共识和评价标准

《实施〈世界遗产公约〉操作指南》中提及："……缔约国和合作者必须确保这些可持续使用或任何其他的改变不会对遗产的突出的普遍价值、完整性和/或真实性造成负面影响。"[1] 借用这句话再议一个老生常谈但依然是最值得思考的问题，历史文化街区中"突出的普遍价值"究竟是什么呢？

回顾1990年公布历史文化街区名单以来的30年保护过程，针对北京老城历史文化街区进行的价值评价主要有两种类型——北京老城的"整体价值评价"和每个历史文化街区的"个体价值评价"。

前者重在整体性。例如梁思成、侯仁之等先生所谈及的城池、中轴线、水系等，又如《北京城市总体规划（2016年—2035年）》中再度强调的中轴线、"凸"字形城廓、历史河湖水系、棋盘式道路网骨架、街巷胡同格局、传统地名、高度和空间形态、景观视廊和街道对景、建筑色彩和形态、古树名木等[2]，这些都是在不断挖掘北京老城的整体之美和价值内涵。

后者则聚焦自身特点。例如南池子地区的保护规划中写的"比较幽静的，以居住为主的，作为故宫周边的传统民居背景的历史文化街区"。鲜鱼口地区的保护规划总结为"以传统商业、贸易、会馆、娱乐、居住为一体的商贸文娱居住区"。什刹海地区的保护规划提出三个方面的价值——"历史价值是什刹海地

1.《实施〈世界遗产公约〉操作指南》，联合国教育、科学及文化组织，保护世界文化与自然遗产政府间委员会，世界遗产中心，2015 年 7 月 8 日，第 119 条。
2.《北京城市总体规划（2016 年—2035 年）》。

区的物质遗存或非物质遗存直接记录了北京城的历史演变、历史人物和历史事件；文化价值是关于什刹海有许多优美动人的诗篇传世且该地区一直是丰富多彩的市民文化活动的场所；风景价值是保留着北京城内难得的一片开放的天然水面并有许多赏心悦目的自然景观"[3]。

毫无疑问，这两个方面的价值评价，都标明了历史文化街区中"最突出"的价值，然而这些已经包含了历史文化街区的全部价值吗？这些定性的描述，已经转译成"明确的""具体的"评估标准和保护要素界线吗？也许未必，也许恰是由于这种价值评价的不完整和不确定，使得历史文化街区的评价标准和行动理念莫衷一是。

例如南池子地区确有其"幽静""以居住为主"的特性，但这两个词语该如何界定为清晰的标准和要素呢？所以当菖蒲河公园周边建设高消费的商业设施，普度寺周边成为中高收入群体居住片区，并且与临近的一般胡同四合院地区形成强烈对比和反差时，我们就很难评价或解读这种变化。"幽静"吗？这些高消费、中高收入群体居住片区活动的人流确实明显稀疏了；"以居住为主"吗？确实保留了大量的居住片区。

又如鲜鱼口地区的特色确是"市井文化"和"平民文化"，"居民人员组成多样，各地方文化特色在此聚集发展，并世代延续，形成了具有老北京特色和混合各地方特色的特殊市井文化。此地区现居民多为城市平民，也形成了独具特色的平民文化"[4]。然而在实践中，对于这种文化特色的保护，形成清晰界线了吗？也许未必。所以2005年以来前门东片进行大规模集中连片的人口疏解，绝大部分居民迁出该地区，也就难以清晰评价其优劣，即便"市井文化和平民文化"似无源之水，仅能依靠鲜鱼口美食街的"老北京餐饮"来体现。

以界线的视角，上述两个案例的根源是历史文化街区"突出的普遍价值"的构成因素并不清晰，并未明确"稳定演变的居民构成和邻里关系"是否具有保护价值。恰是对于这项要素的共识和标准模糊，导致近20年来历史文化街区保护

---

3. 北京市规划委员会：《北京旧城二十五片历史文化保护区保护规划》，燕山出版社，2002，第141页。
4. 同上书，第356页。

更新过程中，是采取迅速而集中的方式，还是采取缓和而分散的方式，是否需要保护传统的社区生活形态和社区文化，或者采取何种方式确保市井文化和平民文化得到传承等一系列问题并没有明确的答案，成为争议频发的根源。

（2）行动理念和基本准则

价值不清，则方法不明，由于价值共识和评价标准的模糊，具体的、指导实践的行动理念和基本准则也就难以厘清。回顾多年来的历史文化街区保护实践，多样化实践"百花齐放"的背后，实则是行动理念和基本准则的模糊甚至相互矛盾。

例如在历史文化街区的保护规划中，普遍会对保护范围、发展历史、历史文化资源、人口现状、用地现状、建筑风貌现状和市政公用设施现状等进行梳理，并提出人口、用地、住房和功能的调整计划，对交通和市政设施等提出规划目标。但由于缺乏统一而清晰的行动理念和基本准则，不同历史文化街区的保护规划在物质空间保护、人口与住房方面的关键观点各有不同，既有谨慎细微的小规模渐进式计划，也有大刀阔斧的改造设想，在细微之处的抉择则更有难以计数和难以评判的自由裁量。

这种差异，并不完全出于时间先后顺序的原因，通过对时间线的梳理，就能够感受到行动理念和基本准则界线的摇摆和反复。例如2002年南池子地区试点项目实施时，普度寺周边的建筑更新改造方式引起广泛争议，其中有两个焦点：一个是两层的类合院形式是否合理，也就是"传统空间形式"与"高密度居住下的居住困难"冲突时，应该采取何种空间措施；另一个焦点是居民的高比例外迁，社会结构剧烈改变。这两个焦点其实并不是崭新的问题，而是与十余年前的南锣鼓巷菊儿胡同试点如出一辙。从空间形式看，早在1989年，菊儿胡同就已经探索"适当增加高度，提高建筑空间容量，借鉴传统建筑形式"的方式，但这种方式在当时并没有形成普遍的、无争议的共识；时隔十余年，其合理性依然没有得到充分讨论，"行"与"不行"没有定论。这种界线模糊的后果，就是南池子再度"试点"相同的做法。从居民外迁问题看，在菊儿胡同探索中，虽然改造完成后的住房套数比改造前的户数还多出2套，但有关保留原住居民的设想并没有实现，原住居民迁出比例很高。对这个问题并未进行深入探讨，对于"原住居民是否有能力回迁""高收入群体是否会购房置入"等因素没有清晰判断。十余年后，南池子试点在更大范围内采取类似方式时重蹈覆辙，原住居民再次大比例外迁，与尽量就地安置原住居民的初衷大相径庭。

从1989年到2002年的两次实践，说明通过试点厘清行动理念和基本准则界线具有关键性的作用，否则实践行动就会出现反复。从菊儿胡同到南池子地区的十余年间，正值北京市大规模危改最为迅猛的时期，假如说在这种时代背景下，没有建立行动理念和基本准则的清晰界线尚且可以理解，那么2003年以后的实践过程则更值得深思。

2003年，什刹海大小石碑胡同采取了"尊重居民意愿，外迁、留住、平移相结合，保留传统建筑形态"的小规模渐进式有机更新方式。而2005年鲜鱼口地区再次采取了类似南池子地区的实施方式，鲜鱼口草厂片区"居民全部外迁，人户分离保护修缮"，鲜鱼口长巷片区则"居民全部外迁，保护更新方式待定"，其规模更大，投入资金更多，引起的争议也更广泛。在尚无评估结论之前，玉河沿岸又一次采取了类似的实施方式。2011年，杨梅竹斜街片区采取了"家庭式申请外迁"的方式，出现了马赛克状腾退空间再利用困难的问题。为了应对这种问题，2013年在什刹海和白塔寺采取了"院落式申请外迁"的方式。然而，2015年，南锣鼓巷再次采取了类似杨梅竹斜街片区的"家庭式申请外迁"政策。以家庭为单位外迁导致腾退空间难以利用问题尚未形成清晰的评价之时，前期探索还在苦于解决腾退空间如何有效利用之时，新一轮的以家庭为单位的申请式退租又已展开。

在近20年的实践中，面对"传统空间形式"的有限容量与过高的"居住密度"相冲突的情况，历史文化街区中先后采取了集中连片腾退、家庭式申请腾退、整院式申请腾退、公房申请式退租等各类人口和住房政策，每个大类又根据具体片区存在细则上的差异，人口外迁方式一直没有形成清晰的行动理念和基本准则。由于缺乏共识和系统的评价反思，甚至在某些地区已经显然成为教训的探索，在另一些地区作为好的经验被再一次推广。

从历史文化街区兼有社会和空间价值的视角看，历史文化街区中早已应该形成"适度降低居住密度、保持社会结构平稳有序，自上而下与自下而上相结合"的基本理念和行动准则，前述这些摇摆反复的实践，归根到底是因为两种长期存在的理念始终没有得到有效的反思。

一种是运动式理念，"一次性、运动式、大投入、短期解决问题"的简单化导向。当这种理念与一些公共部门的单一导向思维相结合，就会迅速形成简单化的决策行为、解决路径和财政投入，并以某些焦点问题为由，启动政府主导的空间行动。

另一种是片段式理念，"问题复杂，无法寻求整体解决途径，有新方法就试一试"的绝望、短视和盲目创新的导向。这种思路在缺少整体性计划的前提下，设定单一目标或短期目标，片段式解决问题，常常以"新理念""新概念""新口号"的创新，一次又一次制造新的困难和问题。

7.2 住房政策界线的收缩

(1) 住房管理

公房管理政策的界线长期处于收缩状态，影响了历史文化街区中占主要比重的公房院落（单位产和直管公房），最直接结果就是公房承租权演变为事实上的永久使用权，人户分离失管和转租转借现象涌现。

早期，历史文化街区内的公房管理界线是"综合性的、保障性质的住房管理"。而在20世纪90年代以前，房屋管理部门逐渐收缩了保障性住房管理的政策边界，虽然在一系列政策和管理办法中明确了"公房退出""公房租赁"的管理界线，但实际上并未有效执行；在失去有效管理之后，房屋管理部门将管理界线进一步收缩为仅做"房屋质量维护"。将保障性质住房管理界线收缩为住房分配和质量维护之后，房屋管理部门就将烦琐复杂和直面矛盾的"公房退出管理"置于管理界线之外的空白区。

随着城镇住房制度改革，住房从分配制向商品化过渡，在这个过程中，符合条件的公房承租家庭支付一定费用，可以将房屋产权变更为私有住房。这在事实上将房屋所有权作为一种福利让渡给承租家庭，公房作为保障性住房的属性开始发生变化，具备了转为私有住房的合法途径。这样，一边是可以合法转为私有住房的"福利暗示"，另一边是退出机制失效，加之承租权的继承管理松散，未私有化的公房永久使用权在事实上也已经交付于承租家庭。

20世纪90年代以后，人户分离现象逐渐突出，房屋管理部门依然将住房管理政策的界线收缩于房屋质量维护。这种界线的收缩，既造成了承租家庭长期依赖公共部门修缮维护房屋的惯性，也导致了超出合理范围的大量外来人口租赁聚集其中，并带来大量的"小""杂""乱"商业活动。在20世纪90年代，历史文化街区中高密度混杂居住与小商业无序发展的乱象已经完全凸显。

人户分离是随着经济社会发展产生的社会现象，而在人户分离现象凸显后，大量外来人口通过租赁方式聚集，则反映出长期以来住房租赁管理界线的丧失。这条界线的丧失，有多方面的原因：一是由于历史文化街区中的特有的居住形态，住房租赁先天存在着难于管理的问题；二是在实际情况中，房屋管理部门并不具备动态管理大量公房使用状况的人力物力和行政资源，只能被动采取放任和忽视的态度，长时期内默许公房转租转借的行为；三是各级单位产公房的产权单位并不具备租赁管理的能力，而且由于其他城市地区也并未建立完备的住房租赁管理体系，私房租赁管理也就难以实现。

例如：在Y院，自20世纪80年代以来，陆续有15户家庭已经不实际居住，假如公房管理界线清晰，不实际居住的家庭应当陆续退还公房承租权；即使考虑到历史背景，难以实现退还承租权，合理的公房管理界线至少应当避免这15户家庭住房的转租转借。然而房屋管理部门在数十年间，仅对院落进行了基本的房屋维护，这15户人户分离家庭的住房中，持续居住着20人以上的外来常住人口，甚至自建加建房也出租为临时住房。院落中的居住密度居高不下，院落风貌保护又当从何谈起？Y院仅是一个缩影。2016年以来，房屋管理部门开始治理公房转租转借行动，仅2017年东城区就清理直管公房转租转借家庭3321户，从侧面反映了公房转租转借的普遍现象。如果将北京老城直管公房和单位产公房中近年来的转租转借情况进行统计，数字则要庞大很多倍。

公房转租转借清理行动以收回使用权作为核心目的，清理了大量转租转借房屋中的外来人口。虽然清理行动本身是合法合规的行为，从实际情况看，这些住房的原承租家庭大都不存在居住困难，甚至大部分都属于住房条件优越的家庭，在清理行动后，这些住房往往空置，仅偶尔使用以避免被收回使用权。这一过程中，房管部门将"公房治理"的职能界线简化和收缩为"禁止非承租家庭居住"，缺乏针对人户分离情况的系统性住房管理方案，也未提出有效利用策略。事实上，大量人户分离的公房承租家庭，在解除与外来人口的转租合同之后，只能将房屋空置，"为了不丢掉承租权，需要偶尔回来居住几天"。房管部门这种职能界线的自我收缩，虽然有效减少了外来人口聚集，但并未解决大量人户分离住房的事实空置和低效使用。在大量承租家庭已经事实上主动外迁的背景下，由于住房管理政策和管理办法的自我收缩界线，这些潜在的住房资源并未转化为解决留住家庭居住困难的可利用空间，甚至可以看到这样一种普遍现象——一个院落中既有部分住房锁门空置，又有部分家庭两代甚至三代拥挤在狭小住房中，住房面积极为不足。

(2) 人口外迁

人口外迁政策是历史文化街区中最受关注的政策，其目标至少应包括：通过住房腾退补偿来改善外迁家庭的居住条件；利用部分腾退空间来改善留住家庭的居住条件；通过修缮腾退空间来保护文化遗产；通过再利用腾退空间来改善公共设施等；而且在这个过程中要注重不同群体之间的利益均衡，注重公共资金的投入和可持续再投入。要达成这样的综合性目标，人口外迁政策就必须具备综合性的视野。

反思历史文化街区多年来的人口外迁政策，其视野有两个维度的明显收缩。一是将居住改善界线收缩为"降低居住人口总量"，人口外迁从手段异化为目标，从综合性的居住密度控制异化为单一化的降低人口总量，导致人口外迁带来的是统计意义的总体居住密度降低，而非微观实际的家庭居住面积增高。二是将空间腾退利用界线收缩为"房屋的腾空退出""获取腾退房屋的所有权"，明显缺少空间腾退和再利用的完整计划，导致腾退空间再利用衍生出一系列的新困难。

第一个明显的界线收缩是将"居住改善和恢复院落风貌"收缩为"降低居住人

口总量"。历史文化街区"人口"大致可分三大类，即户籍居民、非户籍居民、就业与消费人口，他们对历史文化街区风貌、住房、设施的影响各不相同。户籍居民包括户籍常住人口和户籍非常住人口（人户分离人口）。非户籍居民则包括常住外来人口和短期流动人口（即居住不足半年的非本地户籍人口）。

目前，人口外迁政策所聚焦的主要是降低户籍居民总量，这个目标与"物质文化遗产保护"和"居住条件改善"之间并不能画等号，这种总量式思维将目标设定为了"外迁多少人"而不是"如何外迁才能实现遗产保护和居住改善目标"。实际上，历史文化街区"人口总量过大"的情况并非均质的，在总体居住密度过高的背后，是院落、家庭的微观居住密度存在巨大差异。这种碎片化分布的微观居住密度，对人口外迁政策的有效性提出了极高要求。调控微观居住密度，尤其是以可持续的方式和可支付的成本，有效提高居住困难家庭的人均实际住房面积，才是人口外迁政策应研究的关键问题。

人口外迁政策"总量式"的界线收缩，导致极高密度院落、极差条件家庭有效改善和一般性院落、家庭普遍改善的目标和方法不精准，不加辨识地对申请外迁居民进行外迁补偿。在外迁的居民中，不乏本已人户分离的家庭，对这类居民进行的人口外迁，实际上是投入大量公共财政资金"赎买了人户分离住房的使用权"，使这类家庭将"空置的公房变相售出"。而留住家庭的实际居住面积并未因此而得到明显改善，局部突出的人口极高密度问题没有解决，最需要改善住房条件的居民家庭并未得到充分考虑，"大杂院"现象依然难以消除。

简单地说，人口外迁虽然能够改善外迁居民的居住条件，但更重要的是通过人口外迁调控微观的、实际的居住密度，这种居住密度的降低，必须通过留住居民间的居住流动才能真正实现。否则，无论人口外迁的比例有多高，人口外迁采取何种方式，最终如果留住居民的居住面积和居住条件不能得到改善，那么人口外迁的核心目的就未能达到；如果留住居民的实际居住困难问题没有妥善解决，那么传统风貌的保护就无从谈起。

第二个明显的界线收缩是在决策阶段将"空间腾退和合理利用"收缩为"房屋的腾空退出""获取腾退房屋的所有权"，缺乏空间整合、流动和再利用的前置计划。一方面导致难以形成稳定可靠的外迁政策和空间利用方式，另一方面难以提高留住家庭的住房面积，进而难以实现居住院落保护的目标。前文述及的杨梅竹斜街外迁741户家庭，腾退空间散布各院落中，在人口外迁政策中实际上并未明确改善留住家庭居住条件的方法；什刹海地区采取院落为单位的人口外迁方式，151处院落、349户家庭申请整院外迁，腾退空间的可利用性虽然大大提高，但也没有建立系统的"人口外迁政策—空间利用方式—常态治理方法"体系。

"人口外迁与功能疏解—房屋修缮—利用运营"是腾退利用工作完整的构成，各环节相互关联，而现有开展工作的前后关联尚缺整体考虑。不同地区因其区位和周边资源不同，在外迁腾退后除更新部分居住功能外，合理的功能植入需依托合理的空间规模和空间组织方式，这对外迁腾退的房屋分布及修缮更新都提出相应要求。但现有的外迁环节缺乏对后续利用的整体考虑，在缺乏引导的情况下形成大量散布的空间资源，即便是整院也多为规模小、分布散，难以整合有效利用，因此形成外迁后空间资源利用率低下甚至浪费的情况。

7.3 空间行动界线的切割

空间行动界线包括空间行动范围划分、空间管理职能划分、空间行动措施划分，以及空间行动在不同时间阶段的划分。在空间行动中，不同主体都尝试更好地解决具体问题，然而由于更多注重界线的切割，过少关注空间行动的搭接联系，行动效果就容易支离破碎。

范围。横向的空间范围界线划分兼有空间和社会因素影响，空间因素的边界比较简明，多以街巷胡同、水系和标志性建筑物为界；社会因素划分的边界则较为复杂，行政管辖区、职权范围、功能特征、重大项目等都可以成为边界划分的决定性因素。自北京历史文化街区划定以来，无论是东城、西城、崇文、宣武四区，还是东城、西城两区，在空间行动过程中大致处于一种平行和比较的状态。这种状态，在不同历史文化街区的人口外迁、环境整治、建筑保护更新和业态管理等方面表现显著，例如大栅栏、鲜鱼口、什刹海、南锣鼓巷、南池子等历史文化街区的行动策略各不相同。空间范围界线影响最大的是重点行动项目，其划分的依据并不固定，但这些行动项目形成了新的空间单元边界。以大栅栏北京坊和月亮湾项目为例，以珠宝市街、廊坊头条、煤市街、西河沿街围合的边界为大栅栏C地块，即北京坊项目；其北侧至前门西大街则是月亮湾项目。在项目实施前，这片区域与南侧大栅栏街等区域连为一体；在项目实施后，则成为具有显著差异性的空间单元。又如鲜鱼口街地区，东城区政府以前门东侧路为界，分别将鲜鱼口街周边地区和前门东侧路以东地区交由天街公司和大前门投资经营有限公司[5]作为实施主体，采取不同的外迁政策、修缮更新方式和经营利用方式。其中，前门东侧路以东地区又进一步以正义路南延为界，分期采取不同腾退修缮方式。鲜鱼口地区实际上已经被切分为西、中、东三个大片区，每个片区又划分为若干空间单元。

职能。纵向的空间职能界线来自公共部门的分工，公共部门分工是社会运行的基础，但由于历史文化街区的空间特性，使得实际工作中往往在极小的空间内，需要多个部门进行复杂的分工。例如：在进行胡同—四合院的整治过程中，街巷胡同电力、给排水等市政设施归属于市级纵向单位实施，而铺装、立面等环境整治归属于区级横向的实施主体实施，而如果要同时改善院落内部居民的住房、院落空间、电力扩容和排水问题，则不仅需要上述部门之间的协同，还进一步需要房屋管理部门，甚至园林管理部门等加入。虽然街道办事处作为基层政府部门可以发挥一定的协调作用，但工作协调颇为复杂，因此空间行动面临着职能界线带来的复杂纵向分割。这种界线虽然来自合理合法的行政分工，但在极小空间内，反而带来了过高的分工和协调成本。

措施。空间职能界线划分带来了空间行动措施界线的切割，公共部门的空间行动往往与社会化方法相割裂，采取单一的空间行动解决复合的社会—空间问题，难以达到预期效果。例如：将传统院落风貌保护的空间行动措施与居住改善的社会化方法进行切分，传统院落面临微观居住密度过高、住房极其困难情况，其加建违建与住房基本满足需求后的加建违建有本质的不同，前者是解决基本生活问题的无奈之举，而后者常是侵占公共利益之举，这时传统风貌保护与居住改善的关键点就聚焦在居住极困难家庭的居住改善措施。如果不能妥善解决这

---

5. 天街公司和大前门投资经营有限公司均由天街集团控股。

些居住极困难问题，仅仅进行空间行动，将空间行动措施与社会化方法割裂，显然难以实现综合性目标。再如：在街巷环境整治过程中，沿街建筑立面的破败、杂物堆放和无序停车问题的实质是院落内部矛盾的外溢，在解决过程中，如果仅采取粉刷立面、加强停车管理、清理杂物堆放的街道管理工作方法，即使在短时间内实现了街巷环境的提升，在经过一段时期的运行后，依然会再度出现类似的问题。

空间行动措施也存在脱离经济社会条件的问题。前文所述南锣鼓巷菊儿胡同试点的住房设计为42～72平方米/户，南池子普度寺周边则为45～75平方米/户，空间行动之初虽然考虑了居民回迁的实际生活需求，但实际上大量居民的经济条件难以承担这种住房面积，因此无法回迁居住。改造更新过的居住社区基本都由中高收入家庭购置。

时间。空间行动界线的切割，不仅存在于"空间"之中，也存在于"时间"之中。由于空间计划和行动策略的整体性和连贯性不足，空间行动往往发生时间界线的断裂。即使仅在历史文化街区划定以来的20年间，空间行动的时间断裂也清晰可见。在街区整体的空间行动中，不同时期采取了差别化的行动策略。例如：大栅栏地区在2003年至今，在北京坊、大栅栏街、煤市街、杨梅竹斜街采取了迥然不同的空间行动；在更大范围内，各历史文化街区在不同时期也出现了差别化的空间行动策略。在更加微观的空间行动中，这种时间断裂同样存在。例如不同时期街巷空间整治方式存在很大差别，甚至前后冲突，例如在2008年奥运会前的街巷整治中采取的粉刷、加建方式，在近期又面临拆除恢复的需求。又如院落空间保护更新方式前后差异，早期较多采取更新重建方式，更新重建形式也反复变化；近阶段更加注重修缮改造方式，修缮改造的做法也各不相同。同一地区不同时期的空间行动往往并非延续传承，更多体现为断裂，甚至自相矛盾。

7.4 管控参与界线的脱节

历史文化街区缺少长期的、稳定的、清晰的、衔接融合的管控和参与界线，街巷胡同公共空间、院落、住房的日常管控界线收缩为若干审批监管要素，居民家庭和其他主体的参与界线收缩为议事和征求意见。而在功能和空间矛盾长期集聚成为焦点问题之后，又试图以运动化的、包办一切的界线扩张来解决问题，以短时间大规模公共投入和简化统一标准进行整治。出现这种情况，本质在于"管控参与的适宜界线"不清，管控要素和参与方式始终处于变动和模糊状态。

(1) 功能业态的适宜内涵

历史文化街区的功能应当是多元的，与文化内涵和本地居民的关系应当是密切的，这基本上已成为一种共识。假如要实现这样的目标，需要进行方向性的管控或引导。但很长一段时期，功能管控过程中对商业发展、文化保护、居住改善的关联性重视应是不太够，管控标准和目标偏于单一。

一方面，功能管控的界线划分较少关注商业活动和文化内涵的关联。受经济收入、消费和旅游发展阶段的影响，过去很长时间以及未来相当长一段时间中，历史文化街区中日常消费型或者旅游消费型的一般性商业活动具有更强的市场竞争力，但它们往往是批量生产的、快速消费的、连锁的和千篇一律的。与此相对，传统文化类活动的市场竞争力比较弱。在功能管控对这种情况缺少预判和干涉时，一般性商业活动过度发展的现象几乎难以避免，并对传统文化内涵产生排斥。

另一方面，功能管控界线的划分较少关注商业活动和本地居住的关联。由于旅游业和商业的发展，很多历史文化街区聚集大量的外来消费人口和外来租住人口，但这些群体的出现，并未改善历史文化街区的社会结构，相反，在实际上可能产生了负面的影响，加剧了结构紧张问题。主要表现在外来消费人口和租住人口与当地居民的交流处于较低的层次，一般仅仅是购物、租赁等单纯的商业活动，没有产生真正意义上的社会融合；外来消费人口带来的卫生、噪声、交通问题，外来租住人口带来的治安等问题，对原住居民形成较强的干扰，在一定程度上已经产生了抵触的现象，在某种意义上说是加剧了社会结构紧张的问题。

(2) 空间管控和自我治理

同时，由于空间管控的不连续，历史文化街区中形成了很多空间的"潜规则"。路边停车、杂物堆放甚至加建扩建都是长期博弈后形成的非正式规则，这种非正式的空间利益划分情况通过多种途径进行了明确，例如用废旧自行车占据路边停车位，临街开门开窗用于商业经营等。胡同、院落空间利益划分中受益较大的家庭，在空间整治过程中会优先保证自己的空间利益；而其他家庭出于邻里关系的考虑，或者出于对这种空间利益划分状况的认同，一般不会提出激烈的反对意见。因此，在社区治理过程中，即使形成了胡同、院落环境改善的共识，空间的挤占侵占问题却往往难以得到妥善解决。

在重建公共空间秩序的过程中，居民参与的广度和深度都在收缩。参与广度是居民参与内容的多寡；参与深度是居民投入私人利益的程度和核心利益共识的强度，参与深度从居民参与的积极性和私人投入中可以判断。北京历史文化街区公共空间改善中进行了大量浅层的居民参与，在这一过程中，居民普遍属于"不掏钱怎么都好说，掏钱就不干"的参与心态，真正投入资金和私人利益参与其中的情况极少。问卷调查显示，多数居民在"扩大住房面积""获得住房产权"的情况下才会投入资金参与到空间改善行动中，而对"街巷环境改善"的投入意愿极低，这也从侧面解释了居民参与深度不足的原因，即空间行动始终未与居民核心空间利益相结合，居民就难以真正深度参与。

而在院落中，公共管控和居民自我治理的界线是脱节的。有两个方面值得讨论。一是院落空间中风貌要素的公共属性。屋顶、外墙等要素影响历史文化街区整体风貌的要素是否应该进行更加清晰的管控？二是院落空间中功能权属的公共属性。院落公共空间究竟属于"公共空间"还是"院落内居民群体的内部空间"？公共部门是否应当介入院落公共空间的管控？

在实际情况中，由于院落的数量庞大，在这两个方面采取公共管控的方法还不清晰，公共部门往往将院落空间排除在公共管控范畴以外，公共管控止于"院门"。然而对于居民群体来说，院落空间的使用规则并未建立，家庭个体的所有权仅限于住房本身，个体利益止于"檐下"。由此，在院落空间中，公共部门与居民群体在两端同时出现了界线的收缩，自上而下与自下而上两种协调机制之间出现了无主地。在物权细分的情况下，理想情况下这种灰色的空间并不应该存在，但在实际情况中，这种空间却是一种常态。最为常见的就是"公房院落中的公共空间"，从产权角度看，公房的所有权归房屋管理部门，居民的承租权实质仅是房屋本身的使用权，无论是房屋管理部门还是居民家庭，权益都聚焦于"房屋"，院落公共空间并没有明确的使用规则，刚性管控、弹性管控和自我治理的规则都没有建立，就形成了院落空间混乱无序的基础。

在必要的风貌、功能权属的公共管控缺失时，居民自我治理缺少了必要的基本依据，加之居民家庭间的经济社会条件本就存在巨大差异，意愿诉求不同，邻里关系不足以促成行动共识，居民家庭间的博弈就难以避免。这些家庭居住在一个较为封闭的院落空间内，既对公共管控措施没有稳定的预期，又受长期以来政府包办带来的依赖惯性影响，既普遍存在实际的空间需求，又没有相互合作的依据和可行方式，一般情况下只能采取自我利益最大化的机会主义行动。由于公共管控和自我治理界线的脱节，居民家庭之间的这种空间博弈不仅体现在院落内部，而且向胡同延伸，机动车和非机动车的停放、杂物的堆放，甚至衣物的晾晒都依着这种逻辑。

显然，由于历史文化街区复杂的碎片化特征，单一的公共管理控制，无法以简单的标准应对复杂多样的院落具体情况，单一的居民行为引导难以解决涉及家庭重大利益的空间问题，院落中必须采取自上而下的底线控制与自下而上的行为引导相结合的方式才能解决这些复杂问题。虽然公共部门在公共空间精细化管理方面取得了良好的经验，但针对居住院落内部的管理方式明显是滞后的，仍然主要停留在房屋质量风貌的管理或维护，偏重房屋而弱于院落整体，缺乏针对院落的底线控制途径，也缺少居民家庭自我治理院落的制度性安排，这种缺失和脱节是居住院落长期衰败混乱的最直接原因。

第八章

复兴历史文化街区

我们可以尝试用"整体性"和"碎片化"来描述历史文化街区的两种状态，这是指差异、联结和融合的程度，包含着人和人之间的关系，也包含着人和空间、空间和空间的关系。在不同的空间尺度中，这种差异、联结和融合的程度是天然不同的。通常愈微观的单元，关系就愈紧密；愈宏观的单元，关系就会松散一些。在任何单元中都不会有纯粹的整体性或碎片化，而总是处在两端之间。整体性强一些，或者碎片化强一些，都是客观合理的存在状态。但是，基于朴素的对美好生活的向往，消除最困难片区、最困难院落、最困难家庭与适宜状态之间的过大差距，应是历史文化街区"整体性"的基础。这不仅是出于同情心的考虑，也是历史文化街区复兴的必由之路，因为这种最困难的状态不是局部的衰败，而是整体的失衡，简单的整治和粉饰无法改善这种困难。我们应当不断完善系统性的方案，通过凝聚共识、完善规则、采取均衡而可持续的行动，建立清晰的公共管控和公众参与边界，转变这种日趋极化与割裂的状况。

8.1 价值共识的基石

评价"好"与"差"的标准，是历史文化街区一切规则、策略和行动的基本价值观基础，合理的价值导向显然要兼顾社会和空间的多要素目标，而且能够促成基于共同目标的共识，即使不能迅速形成"完全的共识"，也至少应当逐渐形成"无争议的基本共识"。这种基本价值共识应当具有一致性和连续性，在这种价值共识之下，才能逐步形成指导行动的基本准则和评价标准，这是历史文化街区复兴的基石。

(1) 空间价值和社会价值

在实践中，遗产价值常被随意解读，例如同一个实践做法，既能被解读为保持了原真性或完整性，也能被解读为破坏了原真性和完整性。所以，在抽象的概念和原则讨论之外，更需要具体的、有共识的解读。

在《北京城市总体规划（2016年—2035年）》中，提出："加强世界遗产和文物、历史建筑和工业遗产、历史文化街区和特色地区、名镇名村和传统村落、风景名胜区、历史河湖水系和水文化遗产、山水格局和城址遗存、古树名木、非物质文化遗产九个方面的文化遗产保护传承与合理利用。"[1]

而在历史文化街区的范围中，不仅包含大量各级文物保护单位、历史建筑、水文化遗产、古树名木和非物质文化遗产等内容，而且保存着成片的传统街巷胡同和建筑共同构成的传统风貌地区。前面诸项是保护的重心，可以简单但不准确地理解为"文物"；后者则是面状的基底。其中，文物保护是比较明确和容易执行的，而传统风貌地区则在解读中容易产生分歧，例如街巷胡同能否进行形态（宽度、高宽比、门与窗等）的改变？院落格局（边界和建筑平面）能否进行调整？

例如：一种审慎的观点认为，街巷胡同形态或院落格局应当原貌保护，不应以交通、设施或生活需求为由进行拓宽、联通、改造，即使在极端特殊情况下需要进行改造，也应经过审慎的必要性论证，并整体控制在极低的比例水平

1.《北京城市总体规划（2016年—2035年）》。

上；也有其他的观点，认为街巷胡同或院落格局总是随着时代发展而不断演变的，应当鼓励和主动融入新的元素。这些观点应当经过充分讨论而形成"无争议的基本共识"，也许全面而系统的共识并不能一蹴而就，但积少成多，应当能够逐渐形成许多具体的基本准则和评价标准。

非文保类建筑的保护更新方式是另一个需要形成价值共识的实例，目前还不太能清晰界定保护或更新的具体要素，所以在建筑保护更新过程中的主观性就比较强。举个例子，是否可以将历史文化街区中的非文保类建筑划分为原物保护、原貌保护、原格局保护和更新改造等类型，并将不同类型建筑的保护更新细则加以明确呢？假如以这种方式，原物保护、原貌保护和原格局保护建筑应是占主要比例的。这其中，原物保护类建筑是最严格管控的对象；原貌保护类建筑即使质量极其破败，也不应进行建筑形式或平面格局的更改；原格局保护则主要控制平面格局；而更新改造类建筑则特指超高超大、现代形式或格局损毁的建筑。假如能够建立类似的共识、准则和标准，应是能够减少胡同四合院地区的过度随意改造现象。

需要凝聚共识的空间要素还有很多，例如具体建造工艺的选择、传统风貌和设计创新的关系、传统空间形式和现代设施的结合，等等。这些关于基本价值和行动准则的共识点，即使以极其缓慢的速度增加，也远好于反反复复地徘徊。

社会要素也应当纳入历史文化街区中的遗产保护价值和原则之中。历史文化街区复兴的含义应当是广义的、综合的，包括建立经济社会的良性发展目标，以及达成这种目标的过程和方法。从这个角度，应当更加审慎应对居民构成变化和商业发展等因素的社会影响，保持居住形态的渐进演变，注重社区记忆、社区传统和文化的连续性。

北京历史文化街区区别于其他城市历史文化街区的突出特点是总面积大，总人口多且密集，人均住房面积低。这些突出的人口和住房面积问题，伴随着住房质量风貌和生活设施不足问题，成为北京历史文化街区的基础性问题。所以社会要素方面的传承和延续，无法脱离居住改善、弱势群体保障和凝聚邻里关系，这方面的人文关照，是保护社会要素价值的前提条件。

因而在制定政策和采取行动之前，应当充分尊重历史文化街区的社会需求和社会逻辑。例如：以"空间的集中连片"作为腾退外迁决策依据时，忽视了居民家庭的多样诉求；相对应地，简单地、完全地尊重居民意愿的申请式腾退外迁也未必是真正地、有效地遵循社会逻辑，或许也并非体现公允和人文关照的最佳路径。

集中连片或申请式腾退外迁只是考量社会要素价值、社会政策和空间行动的一个例子，从中我们可以看出，社会要素价值蕴含在真实的、具体的社会生活之中，其面临的问题是复杂而鲜活的，需要挖掘更深刻的社会认识，凝聚社会视角的价值观共识，尊重社会逻辑，采取多元化、精准化的社会政策和空间行动。其中，最应当强调的或许应是对弱势群体的基本保障，对住房极困难家庭的基本居住改善。

（2）阶段性和渐进式改善

"北京老城保护是否存在终极目标，如果有，是什么？"类似的"终极"之问始终存在，伴随这种思维，在实践中很容易形成"一步到位"的理念，在片区、院落和建筑中进行巨额投入，采取高标准的空间行动。这种方式虽然实现了局部的迅速改变，但由于公共资源总量有限，只能在局部片区、院落和建筑中进行这种高标准的投入和行动，事实上就形成两极分化的后果。前文所述片区之间、院落之间的分化，有相当一部分原因来自于这种局部片区、院落、建筑的"一步到位"式投入。

城市是不断演进的，北京老城的整体保护复兴并不在于一个或几个高标准、高投入、示范性的工程，也不应让衰败的片区、院落或困难的家庭等待一个又一个十年。在过去的实践中，曾多次试图采取大范围的胡同风貌整治行动，但并未有效改善院落内部的空间和生活状态，因此有一种论点认为"普遍性改善"属于"撒芝麻盐"，认为这种普遍性投入是低效而表面的，转而支持进行重点片区、重点投入和一步到位的改善方式。这种观点似乎有两个误区，一是普遍性改善的低效或失效，弊病并不在于"普遍性"，而在于所采取的"改善方法"；二是也许混淆了阶段性改善和平均改善、运动式改善的差异。适宜的阶段性改善并不是无差别的平均主义，而是关注不同情况下差别化而渐进的改善方式，既包括困难家庭、困难院落、困难地区的保障性改善，包括一般家庭、一般院落、一般地区的基本改善，也包括较好家庭、较好院落、较好地区的先导改善。

阶段性改善与过高标准局部改善的根本差别应是在于对基础保障和均衡投入的重视，破解之处应是在于形成过程性改善和阶段性改善的一致预期，避免公共投入过于偏重局部地区，避免过多开展"毕其功于一役"的重点行动。

(3) 院落作为社会—空间单元

院落是历史文化街区保护更新实施的基本空间单元，我们很难将单个建筑的保护更新与院落整体的保护更新进行剥离。厘清院落保护更新的分类评价和实施方式，形成评价和实施相一致的基本准则，是历史文化街区保护更新的基础技术条件。而按照目前的评价和实施方式，单个建筑质量风貌评价是保护更新实施的主要基础依据。这种方式的优点是能够按照统一标准评价每个建筑的物质空间条件，相应的不足则是缺少对院落整体的适宜判断，最直接的结果就是在具体实施中，很难无争议地、清晰地确定院落保护更新实施的基本准则。

所以，建立兼顾院落和建筑特点的保护更新方式分类评价体系应当是必要的，大致应当依据单个建筑质量风貌评价，结合院落的功能和经济社会状况，形成以院落为单位的修缮、整治和更新改造分类，以及院落保护更新的基本准则。

例如东四南历史文化街区风貌保护管控导则中分为不可移动文物院落、挂牌保护院落、原貌基本完整四合院、部分改造四合院、新建及完全改造四合院、近现代建筑院落、现代建筑院落等七类[2]；东四三条至八条历史文化街区风貌保护管控导则中分为保护修缮类、保护改善类、保留类、整饬协调类、局部改造类、更新类等六类院落[3]，并提出不同类型院落适用的保护更新措施。

这些针对院落保护更新评价方式的探索，总体思路是按照物质空间条件进行分类，如果将这种分类思路加以简化，并融入功能和经济社会状况的考虑，大

---

2. 北京市东城区人民政府：《东四南历史文化街区风貌保护管控导则（试行）》，2018。
3. 北京市东城区人民政府：《东四三条至八条历史文化街区风貌保护管控导则》，2018。

致可以将院落划分为修缮类、整治类和更新改造类等三种类型。

修缮类院落应以原物的修缮维护为主，风貌管控适宜以刚性管控为主，应当比较清晰地明确建筑质量风貌维护标准，并划分居民和公共部门的保护修缮义务。同时，院落承担居住或公共功能的容量应当进行较为严格的控制。

整治类院落适宜以原肌理甚至原貌的维护或改造为主，风貌管控和院落空间治理应当更加注重现实的经济社会条件，分步分阶段地逐步恢复院落形态。例如：在拆除挤占院落公共空间的加建房屋时，也许可以根据实际情况允许适度保留承担必要生活设施的加建空间；院内局部建筑也可以根据建筑质量风貌评估结果进行翻建改建；需要明确建筑质量风貌维护标准，适宜鼓励居民和公共部门共同进行院落风貌整治。

而在更新改造类院落中，应当可以适当放宽限制，允许按照传统风貌要求，合理地重新组织院落肌理和空间形态。同时，可以考虑以一个或者若干个院落为单元，适度鼓励居民外迁、平移或者就地改善，组织进行院落空间利用研究，也可以适度利用地下空间，改善社区公共服务设施和基础设施。

在各类院落保护更新评价和实施中，也许并不适宜将物质空间条件作为唯一的评价标准，而应当更加紧密地结合使用功能和经济社会条件的现实状况和演变趋势，在物质空间管控的同时，注重弹性的管控方法，建立刚性和弹性结合的院落保护更新标准。例如：应在传统风貌保护的基础上，对基础设施和居住改善导向的院落空间改造可以采取更加宽容的态度；又如：当居民外迁意愿集中、更新改造类院落为主的若干连片院落或者超大型居住院落，或许可以适当放宽保护更新的限定要求，进行空间整合，利用集中空间或地下空间建设社区公共设施和基础设施；再如：当部分院落改造利用作为面向本地居民的置换住房或公共租赁住房等公益性功能时，可以适当鼓励合理利用地下空间增加空间容量。

8.2 系统的住房政策

系统性的住房政策应当能够扭转历史文化街区碎片化的螺旋，其中产权、住房管理、住房腾退利用和居住改善是住房政策应当重点关注的领域。

完善产权制度并不需要决绝的私有化或者公有化，而应注重不同产权住房的特有优势和互补效应，其中尤其应关注公有产权住房的管理和利用，发挥公有产权住房不可替代的示范、先导和保障作用。

住房管理则应重于租赁管理，其中直管公房、单位产公房应进一步严格管理转租转借行为，识别自建房实际用途并加以管理，通过对转租、转借和自建房的管理，能够减少房屋无序租赁和明显降低总体居住密度。

在尊重居民意愿的前提之下，住房腾退政策的关键在于腾退空间有效利用。近些年尊重居民意愿的以家庭或院落为单位的申请式腾退和退租，虽然更加注重居民意愿，但腾退空间有效利用的问题比较突出。适宜的住房腾退政策应当更加注重遗产保护、空间再利用和居住保障的导向。

居住改善是一系列住房政策的最终目标，核心在于住房流动，即通过对家庭实际住房条件的评估，通过外迁、平移、保障性租赁、改善性租赁的多样化方法，有效提高家庭的实际住房面积。

简言之，历史文化街区住房政策体系不应是单一导向的政策设计，而应是根据不同产权住房特性，精细化进行住房管理、住房腾退和居住改善的系统谋划，尤其应注重居住困难家庭的实际住房条件改善。

(1) 多元的住房产权类型

很多研究认为产权改革是解决北京历史文化街区居住问题的最关键因素，认为住房产权私有化是必须前置解决的根源性问题。那么，历史文化街区中住房产权私有化是解决居住问题的"灵丹妙药"吗？也许我们可以通过分析公私房院落状况差异的原因来尝试回答。

从居民家庭平均住房面积看，大致是私房院落＜直管公房院落＜单位产公房院落，私房家庭的本地住房面积基本处于不同产权类型中的较低一端，而从建筑质量风貌、院落公共环境，居民生活设施，乃至室内起居环境考察，私房院落的使用情况反而往往好于直管公房或单位产公房院落。出现这种反差对比的原因究竟是什么呢？

第一，经济社会条件。从私房院落、直管公房院落和单位产院落的形成过程看，私房院落中居住的是"住房所有权"保留并延续权利至今的家庭，或者是在住房产权制度改革中获得住房所有权的家庭，这些家庭的经济社会条件往往高于普遍水平，所以在维护院落空间环境中具有先天优势。

第二，院落规模。如果将同样产权、不同规模的院落空间环境进行对比，小规模居住院落的空间环境质量普遍优于大型居住院落。"大杂院"的称谓实际上准确描述了居住院落衰败的动力根源和核心特点，由于产权和院落规模的耦合，私房院落规模相对较小，"大"的院落往往是直管公房或者单位自管房；"杂"则是描述了单位制解体后，缺乏外部协调情况下，居民间空间利益分化，回避房屋维护责任，无序挤占院落空间的过程和结果。反之，小规模特征对院落空间环境产生了积极影响，"小"不仅意味着空间规模较小，也意味着家庭数量较少、家庭间社会关系简单，家庭之间形成共识和共同决策具有天然优势。所以，小规模的特征应当是私房院落空间环境优于其他类型院落空间环境的一个重要原因。

第三，家庭互济和家族协调。很多私房院落属于家族共有式，不同家庭之间往往为亲属关系，同时也存在明显的人户分离情况，即家族中部分家庭已经实际迁出，但仍保留住房产权。这种情况下，家族之间存在住房互济的情况，私房院落中留住家庭的实际人均居住面积与统计调查数据常有偏差，留住家庭的实际居住水平要明显高于调查数据水平。同时，由于私房院落的家族共有，其院落空间也属于家族共有，这明显区别于直管公房和单位自管院落中的院落空间公共化特征，因此在家族关系的协调下，院落空间相比其他类型院落要更加有序，在涉及建筑本身的维护和改善时，家族关系也利于自我协调而形成共识。

第四，预期和习惯。私房家庭拥有住房所有权，公房承租家庭拥有长期的住房使用权，或者说基本拥有了永久的住房使用权。依理性逻辑，公房承租家庭应具有自我维护修缮和改善的动力，但由于公房院落长期由房管部门单方面负责修缮维护，公房租金长期畸低，无法覆盖修缮维护成本，公房承租家庭也逐渐产生依赖性。这种长期的低租金、单方面维护和消极参与心态最终形成了稳定的低水平居住预期、博弈心理、依赖习惯和消极参与意愿。

由此可见，笼统的产权制度并非影响院落保护使用状况的唯一因素，甚至并非关键因素，完善住房产权制度的适宜途径或许并非简单的私有化或公有化，而是针对当前产权制度完善应对措施。一是不断提高困难家庭的实际可居住面积，尤其是发挥公房院落的调节作用，建立多种方式的居住保障和居住改善机制；二是推动院落内部形成协调和共识，在不同产权院落中建立形式多样的院落管控、议事协调和自我监督机制；三是形成长期性的住房管理政策，明确公共部门与不同产权居民家庭的空间权益与义务，明确所有权、承租权、使用权的权益和义务，明确房屋质量风貌维护和监督的义务和主体，稳定居民家庭的预期。

(2) 细致的住房租赁管理

人口和住房问题是历史文化街区的基础性问题，但如果只关注人口和住房总量，弱化或忽视院落和家庭中的微观实际情况，就容易出现"统计上的改善"，人口总量降低了，人均住房面积提高了，但大量家庭的实际住房情况却并未改善，也就难以实现有效的传统院落风貌保护。

居住密度体现人口和住房的关系，在宏观和中观视角，居住密度体现了老城、街区、片区中空间容量与人口总量的关系；在微观视角，以院落、家庭为单位的居住密度体现了实际的居住条件。对于具体的居住改善和院落风貌保护而言，微观居住密度视角更加具有实际价值。

微观居住密度直接关系着家庭或院落的生活条件和传统风貌，家庭居住密度过高时，自建加建房屋是家庭解决基本生活问题的必要空间；院落居住密度过高时，院落公共空间侵占挤占就难以避免。因此调节微观居住密度是历史文化街区的必由之路。这就要求我们从总量化的人口和住房问题，下沉到微观居住密度的视角来观察、解释和解决问题。

调节微观居住密度最直接有效的方式应是住房租赁。公有住房管理是首先应当强化的类型。由于很多"单位"已经不具备管理单位产权居住院落的能力，也由于整体管理公有产权院落更有利于调节居住人口和空间容量的关系，所以适宜将各级各类单位产权院落进行统一管理，采取与直管公房院落一致的管理标准与管理部门，对住房使用、住房租赁和院落空间加强管理，进一步严格管理转租转借行为，降低实际居住密度。同时，应当明确公房承租人的权利和住房修缮义务，也可以考虑明确公房承租人具有获得外迁补偿和房屋出租的权益，探索公房承租权再流动和置换的可行方法。最后，值得尝试由公共部门长期趸租公房院落中人户分离家庭所承租的房屋，对公有住房资源进行统筹管理，一部分提供保障性租赁住房以改善居民居住条件，另一部分转为经营性用房，按照市场价格出租给商户或者有改善需求的经济条件较好的家庭。

由于北京历史文化街区过高的实际居住密度和传统风貌保护的必要性，对私有住房的租赁也应当进行更加严格的管理。主要包括三个方面：一是禁止自建房的出租；二是规范房屋出租的用途；三是规范出租房屋中的居住密度，避免私房院落中形成外来人口过高密度居住的情况。同时，应加强空间与管理的关联度，例如私有住房业主未拆除违法加建房屋之前院落存在加建房的情况下，应当明确禁止其进行住房出租，鼓励将住房由公共部门趸租经营，纳入住房租赁公共管理系统。

应当区分自建住房的实际用途。历史文化街区中，大量的自建住房是源于居民家庭解决基本生活空间问题的需要；同时，也有部分家庭居住条件良好，甚至已经自发外迁并不在院落中实际居住，而将自建房用于出租盈利。满足基本生活需要的自建房应当有序拆除，与外迁结合，与提高实际居住面积和居住改善行动结合。而非基本生活需要的自建房则应当予以识别，严格禁止出租出借，并适时拆除。

(3) 准确的人口外迁方式

与集中连片腾退改造相比，申请式的人口外迁政策带来的社会结构变化，是流畅而缓和的，尊重了居民意愿，留住居民参与改善的意愿也会更强；但完全"意愿决定"的、以家庭为单位的人口外迁政策，腾退房屋散布于院落内部，与其他居民杂处，难以利用。因此，还是适宜坚持院落空间的相对完整性和可利用性，在现有申请式基础上，完善以院落为单位的腾退流程。

外迁人口的主要目标包括三个方面：一、降低居住密度，减少人口密度过大对居住院落空间和基础设施的压力，提高居民住房面积；二、进行空间再利用，提高居民服务设施水平，提高城市公共服务设施水平；三、腾退重要的保护型院落，推动文化保护与文化产业发展。因此，人口外迁政策可以明确为居住保障、空间利用和文化遗产保护三种导向。

其中，文化遗产保护导向的外迁腾退仍是最为突出的。历史文化街区中物质文化遗产富集，既有各级文物保护单位，又有历史建筑及其他具有历史文化价值的传统院落。尽管北京市文物部门持续进行了多年的文物腾退与保护修缮工作，但仍然有大量文保单位、历史建筑和具有历史文化价值的传统院落处于居住密度过高状态，存在严重隐患。在这种情况下，仍需继续推动文化遗产保护导向的外迁腾退，这类外迁腾退应当更多采取征收、解约等具有强制力的实施途径，确保较为重要的历史文化遗产得到有效保护。

空间利用导向的外迁腾退，需要完善双向选择的、精准化的申请式人口外迁流程。申请式外迁不应"想走不能走、宜走不能走"，也不应"想走就能走"，不应无差别地进行外迁腾退。空间利用导向的外迁腾退应该综合居民外迁意愿、院落房屋质量风貌状况、实际居住密度、公共设施建设需求和院落保护利用方式进行双向选择和综合判断，按照"居民申请—统计评估—划定申请区域—院落间居民流动—院落式人口外迁—空间再利用"的流程进行。

另外，历史文化街区中存在一些居住空间必须通过外迁腾退加以改造，主要包括简易楼和已被评定为危房的住房；除此之外，还存在部分户籍家庭完全没有产权住房，长期居住在自建房中，也应当列入居住保障导向的外迁腾退计划中。即居住保障导向的外迁腾退主要包括简易楼中的居民家庭、住房存在危险的居民家庭以及无住房户籍家庭。

人口外迁的三个导向，是回答"如何进行人口外迁"的问题，而"外迁多少人口"，则是另一个绕不开的话题。如果从"适宜的居住密度"角度来看，人口外迁的主要控制目标是减少或消除居住极困难情况，通过腾退外迁、平移置换、租赁保障等多重方式，解决最困难家庭、最困难院落的居住问题。从这个角度看，"外迁多少人口"的问题，实际是"适宜居住密度"的问题。

关于适宜居住密度的讨论，有几个关键的指标可以参考。一是"实际常住人口的产权住房面积"，这里涉及两个主要数据——实际居住人口和产权住房面积。由于外来常住人口和流动人口的不确定性以及更易调节的特点，实际居住人口的调查可以"户籍实际常住人口"为参考值，来核算微观的"户籍实际常住人口的产权住房面积"。二是适宜居住密度的参考标准研究。根据目前对北京老城居住院落中居住满意度和居住面积需求的研究，结合当前北京住房保障标准和设定，大致可以人均15平方米作为居住困难的参照值。三是对居住最困难家庭的下限保障。因为即使进行微观的居住密度调控，例如平移置换和住房租赁等方式，院落中依然不可能成为同质的居住状态，在这种情况下，最困难家庭的住房面积也应达到人均15平方米。应以院落为单位，以户籍人均实际产权住房面积15平方米为近阶段目标，判断院落中外迁、平移、租赁的居住密度控制方法，结合人户分离情况进行动态调整。

在具体实施过程中，微观居住密度调节可以采取逐渐改善的实施策略。

首先是极大缓解或基本消除居住极困难问题。如果从前文的案例和调查数据来观察，对居住极困难的判断，可以依靠两种方式：一是社会伦理依据，如实际居住中父母与成年子女仅能共居一室，或夫妻与父辈共居一室等；二是住房面积依据，如人均实际产权住房面积低于5平方米，这其中包括了完全居住在非正式住房中的家庭。

其次是逐渐解决居住困难问题。同样也可以依靠两种方式：一是住房保障依据，如家庭人均实际产权住房面积介于5～15平方米之间的家庭。如果按照当前北京市住房保障的原则，在剔除收入因素后，这类家庭本已属于住房保障范围；二是社会保障依据，如低收入家庭、残障补助家庭等。

最后是逐步满足邻里设施的空间需求。主要按照居住人口的生活服务设施、市政基础设施的实际缺口，核算设施建设的空间需求。

根据这三个目标设定的人口外迁目标，显然是动态和差异化的，与过去多年按照百分比进行计算的人口外迁指标相比较，更加明晰了人口外迁的核心目的。同时，这种关注微观家庭个体实际需求的指标计算，也可以进行整体的预算。例如：在什刹海白米社区，综合住房建筑总面积、社区常住人口/产籍户数/户籍户数、人户分离等情况之后，计算的人均实际产权住房面积约为13.3平方米，虽然"实际户籍/产籍居住人口"的核算极为困难，但总体可以得出一个初步比例，即人口外迁的总体比例应略高于10%，加入邻里设施的空间需求后，人口外迁的总体比例大致为15%左右。

（4）务实地扩大住房面积

由于部分家庭不断地自主购房外迁，人户分离情况持续增加，户籍实际居住人口已经开始降低，人口与住房矛盾正在从绝对的人口密度过大，转向空间资源再分配途径缺失引起的居住条件不平衡问题。这种情况下，务实地扩大住房面积政策是与住房管理和人口外迁同样关键的居住政策。

扩大住房面积政策的核心在于"提高住房极困难家庭的实际居住面积"，主要存在两大途径，即产权住房面积的增加和租赁住房面积的增加。在具体途径上，可以通过人口外迁过程来扩大产权住房面积，也可以通过平移+租赁的方式增加实际居住面积，即采用不增加产权建筑面积的"平移"与增加实际居住面积的"租赁"相结合的方式。很多情况下后者是成本较低、效果更好的方式，可以在不必外迁的情况下，通过居民自愿和公共补贴相结合的方法，有效提高住房极困难家庭的实际住房面积。

实现平移+租赁方式的前提是整合历史文化街区的保障性住房资源，通过细致的住房租赁管理和准确的人口外迁，历史文化街区中将形成两类住房资源：第一类是马赛克状分布在院落内部的实际空置公有住房，承租家庭事实上居住需求不大，如果根据人户分离情况和转租转借清理情况分析，这部分住房的占比应高于总量的20%；第二类是已经腾退的住房和潜在的腾退住房，其比例相对具有弹性和可控性。这两类空间资源既可以转化为公共服务设施空间，也可以转化为留住居民住房改善的空间。假如对这些住房资源进行统筹管理，建立协调机制，将能够提供丰富的保障性住房资源。此外，闲置或正在出租的私有住房，也是潜在的保障性住房资源。

在整合历史文化街区的保障性住房资源时，需要针对住房产权问题，尤其是对公房承租户人户分离现象进行讨论。从实际情况看，公房承租户实际拥有房屋的长期使用权和绝大部分用益权，这种权益划分情况下，具备对公房进行租赁管理的基础。

应当搁置产权私有化或者多元化的笼统辩论，通过明确承租家庭拥有使用权，承租家庭与产权单位共同共有用益权，由公共部门趸租管理各类产权的人户分离住房，将历史文化街区中的人户分离住房作为空间资源，控制外来人口，通过趸租各类产权住房来提供公共租赁房、公共设施用房、商业用房和市场租赁住房，并且完善历史文化街区内部公有住房承租权的置换管理，鼓励本地居民通过承租权置换和住房租赁等多元方式改善居住条件，推动住房资源的流动和合理分配。

这种情况下，扩大住房面积政策将推动院落间居民流动和院落内空间再分配，促进院落居住密度趋于合理。在实施过程中，根据家庭个体所处的院落条件、家庭自身的住房条件、家庭所处院落的整体意愿和整体行动，综合确定以户/间为单位的外迁、平移或者租赁，以少量家庭住房的平移和租赁，带动居住院落的整体改善，促进院落社区的形成。

8.3 空间行动的均衡

正如"让一部分人、一部分地区先富起来，大原则是共同富裕"[4]，在历史文化街区中的决策、投入和空间行动，可以向重点院落或片区倾斜，但最终目标应是整体复兴。历史文化街区作为边界清晰、内涵完整的特定区域，其内部的院落之间和片区之间，应当相对均衡，而非两极分化。

均衡指在院落之间和片区之间，允许有相对重点聚焦的区域，但更重要的是要保证大面积区域内的基本保障。这种保障反应在共同的诉求上就是相对完善的公共服务设施和基础设施，相对良好的环境质量，相对适宜的经济活动，满足基本生活需求的居住空间。

首先，均衡的空间行动来自系统的空间决策。转变空间决策过度切分的局面，首先应当进一步理顺各级政府、规划管理部门、建设部门、文物部门、城市管理部门等公共部门和各类市场主体、居民家庭群体的责任义务。历史文化街区作为一类特殊地区，其特定管理机构应当具有实质性的核心管理职能，

---

4. 邓小平：《邓小平文选（第三卷）》，人民出版社，1993。

至少也应当建立相关决策的备案制度，由特定管理机构组织重要空间决策的论证。应当考虑在历史文化街区动态评估的基础上，统合职能部门、街道办事处和企业主体，探索建立历史文化街区综合管理机构，负责公共服务、社区管理、人口外迁和功能疏解、房屋修缮改造、环境综合整治、市政设施建设管理和业态管控等职能。

第二，均衡的空间行动来自合理的空间投入计划。在历史文化街区采取均衡的空间投入计划，是避免片区之间、院落之间两极分化，实现整体保护的基础。空间均衡改善并非无差别的同质化改善，而是空间改善兼顾普惠作用和先导作用，更加突出普惠作用，转变长时期内住房和环境改善过于强调"重点""亮点"和趋易避难的思维，形成系统性的住房和环境设施改善计划，在空间上推动院落、片区的均衡改善，在类型上促进住房和环境相关各类空间要素的共同改善。从均衡的角度看，目前占主要比例的院落和片区中，普惠投入仍然不足。应当转变过度不平衡的公共投入方式，建立相对均衡的基本原则。这种均衡并非在不同院落和片区采取相同相似的保护措施，而是在总体投入均衡的前提下，针对院落和片区特征制定差别化的措施。

均衡投入包括两大类行动，即片区级的环境设施改善行动和院落级的建筑改善行动。在片区级的空间投入中，重点片区的标志性作用是无可替代的，但目前重点片区空间行动的核心问题在于缺乏对周边片区的带动。在投入大量资源的情况下，重点片区保护实践的核心作用，不能局限在片区自身的保护与发展，更应体现出对整个地区的带动或改善作用，包括：对周边地区居民和社会力量参与保护的带动和引导作用；为周边地区提供公共空间、停车、公共服务设施等内容的改善作用；促进各片区保护状况均衡和社会融合的社会效应。院落投入的核心问题则在于承担了少量重点院落的全部腾退修缮成本，却对大量次重点或者普通的传统院落缺少基本的激励或引导。

第三，均衡的空间行动来自综合性的空间行动路径。历史文化街区的整体性目标包括有效保护历史文化资源，适度管控经济活动，有序传承社会生活，配套完善基础设施，综合提高环境质量。这五个方面的综合目标既有可见可感知的物质空间目标，也有需要定性判断的社会经济目标。与目标对应的是兼有社会和空间方式的综合方法，将环境整治、设施建设、住房改善等空间行动与功能管控、人口外迁、住房管理、住房保障、社区治理等社会行动整合成综合性的空间实施方法。

最后，均衡的空间行动来自多层次的、合理的空间行动单元划分，划分行动单元是对不同空间层次碎片化的应对。回顾有机更新中"适宜尺度、适宜规模、适宜方式"的理念，显然，什么是适宜尺度、适宜规模，在不同尺度规模采取什么方式，仍然是仁者见仁，智者见智。

北京老城是最宏观的行动单元。在这一行动单元的基础上，需要注重保护法规、政策、机制的整体性和延续性，以及物质空间保护的基本原则和基本方式，包括对传统街巷、基础设施、胡同—四合院、历史水系等的整体性要求。可以认为，北京城市总体规划中的老城整体保护要求，就是构建北京老城行动单元的总体性文件。

历史文化街区是面向综合实施的行动单元，各历史文化街区的保护规划则是行动单元的整体性文件。在这一行动单元的基础上，要形成历史文化街区的价值判断、功能特征和基本保护发展路径。在街区内部，不同类型片区相互联系，需要建立整体性的实施目标，以历史文化街区整体保护作为总体目标，协调局部片区之间的保护与发展。局部片区的行动策略是差异和多元化的，但以街区的综合实施作为整体空间行动框架。

邻里片区行动单元包含不同的类型和导向。与社区治理相结合，邻里片区的行动单元可以社区为单位，在停车设施建设和管理、邻里设施建设等方面采取空间行动。与街巷胡同空间改善相结合，片区行动单元也可以街巷胡同、公共空间或者重点地块作为行动单元。在邻里片区的行动单元内，各类空间行动应当统筹协调，例如电力电信线路改善、给排水设施改善、街巷胡同环境改善等空间行动应当在行动单元范围内进行整合和协调。

院落是最小的社会—空间单元，也是最基本的行动单元。虽然院落内部存在分歧和差异，甚至是碎片化的状况，但由于传统四合院形式的特点，空间行动几乎不可能以家庭为单位进行。根据实践经验，无论是院落空间环境整治、建筑修缮改造，还是日常事务决策，都需要以院落为单位开展。以整治自建房为例，不同家庭的实际居住条件差异明显，部分家庭的自建房并非必需，甚至在出租自建房，部分家庭住房条件极其困难，自建房是解决居住问题的必需空间，同时自建房还涉及院落空间、卫浴设施等诸多问题，这就需要以院落为单位提出完整的行动方案，包括解决部分家庭的居住困难问题、满足不同家庭的院落空间和生活设施诉求，提出可实施的自建房拆除时序和产权房屋维修计划等。

事实上，四合院的空间特性决定了物质空间行动需要院落内部不同家庭的合作，重大决策和日常行为规范需要院落内部不同家庭的共识，因此在人口外迁、住房合作改善、院落空间治理、生活设施完善等诸多方面都适宜以院落作为基本行动单元。

8.4 管控参与的融合

(1) 公共空间的管控和参与

功能。在历史文化街区中，比较受关注的功能主要是商业业态，相较于"国民经济行业分类"或者"文化创意产业分类"这种普适性的业态分类，历史文化街区也许更需要关注商业业态和传统文化内涵、居民生活就业等的关系。我们并不能凭借餐饮或住宿、书店或设计事务所这种类型的划分，也不能凭借经营面积的大小、从业人员的多少，来判断一间店铺或一家企业是否适合历史文化街区。

"与传统文化的内在关系"或许是评估功能业态时应该放在第一位考虑的问题，非物质文化遗产或具有本地文化特色的功能业态显然是这种评估框架的最大受益者，但一个历史文化街区或一条街巷胡同如果铺满这种类型的功能，既不太可能实现，也是乏味甚至虚假的。所以评估功能业态的传统文化关联性，并非要走向某种类型的极端，而更适合是对多种适宜功能业态的差别化鼓励。有两个简单评估设想也许值得讨论：一是功能业态和历史文化街区物质空间环境是否相得益彰和互相受益。假如功能业态带来的振动、噪声、光线、交通和消防隐患产生了比较明显的负面影响，或者需要对物质空间环境进行比较大的改动才能适应功能业态的空间需求，那么显然这些功能业态是应当约束和限制的。二是功能业态是否和物质空间环境共同形成了吸引力，抑或是吸引力完全来自于业态本身而与物质空间环境的关联极低。直白地说，如果一间店铺在历史文化街区或其他城市地区经营几乎没有差别，而就业和消费群体又绝大多数来自于其他城市地区时，显然它的吸引力与历史文化街区的物质空间环境几无关联，例如某些几乎遮盖住建筑传统风貌、颇具时尚特色而且吸引了很多打卡行为的"网红"店铺，它们存在于历史文化街区、创意园区或者某个商场并无不同。

"与本地居民的内在关联"也是评估功能业态时的重要因素。吸纳本地居民就业或者服务本地居民生活，最能体现功能业态存在于此的必要性。即使某一两条特色商业街发展成为全国知名的景点，就业和消费群体来自五湖四海，以北京老城规模如此之大的历史文化街区来看，绝大多数历史文化街区或街巷胡同中的功能业态，依然需要强调与本地居民的更多联系。从这个角度来看，当一间店铺从业人员或消费群体中的本地居民愈多，它与历史文化街区的关系就必然愈加紧密。

这样来看，历史文化街区功能业态并不适合采用过于简单清晰的目录式管控方法，而适合评价方式更加多样、准入标准更加有弹性和个性化的管控方法。大致可以在四个方面探索：比例的管控、准入的评估、居民的评价和租金的调节。在历史文化街区整体进行规划设计或愿景目标设定时，适宜建立一个较为笼统的框架，大致对不同文化内涵和本地关联程度的功能业态进行比例的限定，作为准入评估的基本依据；在具体的管控中，就能够依据基本目标进行评估，评估应当是多方参与的，评估的内容应当聚焦于功能业态的文化内涵和本地关联程度；居民评价和租金调节应当是一种后评估、后引导的方法，采取差别化的奖惩措施进行调节，既要避免功能业态和本地居民的割裂冲突，也要避免功能业态和地区文化韵味的错位矛盾。

空间。历史文化街区中对于物理的公共空间治理，比较重要的应当是公共管控的稳定性和公众参与的有效性。相较于运动式的、高投入的、包罗万象的综合整治，公共管控更应当避免频繁变更管控内容和方式，避免不同片区采取差异过大的管控措施；为了保持这种稳定，管控的内容并不是愈多愈好，而应当慎重地选择管控内容，以底线的、基础的管控为主。在组织自下而上的公众参与时，则更应当强调公众参与的广度、深度和实际效果，在事前决策、事中监督、事后评估中更多发挥公众作用，在治理过程中避免只是"意见的征集""口头的参与"，注重更多实际的利益关系，带动居民的行动参与、利益参与，组织更加具有实效的公众参与行动。

（2）院落空间的管控和自治

作为一院多户共有共用的空间，院落应当强调公共管控的基本底线，适宜管控的内容主要应有院落保护更新方式和院落日常管理。

以院落作为完整的空间整体，应当形成具体的、控制性的空间计划，由公共部门提供院落空间和建筑物的修缮、整治、更新控制性方案，这个方案应该综合普适性的建造标准、区域性的功能和空间规划、单体的建筑保护更新方式评价，形成针对单个院落的建设控制方案，包括院落基本格局和庭院空间的控制，也包括建筑单体的形式、材料和建造工艺控制。

以院落作为日常管理的整体，则应当形成庭院空间的使用规则，明确建筑空间中适宜的功能，在居住建筑中应当提出居住人数的控制性指标，以及常住人口的日常管理方法。更微观的，建筑质量风貌的管控应当明确权利义务的划分，即房屋所有权、房屋承租权、房屋使用权分别所对应的权益及义务，在直管公房、单位产权房、私房等不同产权制度下，需制订相应的权责合同。在完善住房质量风貌评估机制的基础上，明确提出居民或承租户作为维护住房质量风貌的重要责任方，明确公房的物权权益划分，明确住房修缮整治维护义务的比例，建立监督机制；明确住房质量风貌管控的基准要求，分别对维护状况优秀和劣后情况采取奖励和警示措施，使公共部门首先完成从维护主体向监管部门的局部转变。

作为一院多户共同生活的社会单元，院落应当强调自治导向的自我治理，适宜将院落视为基本社区单元，完善居住院落社区化和物业化的管理方法。一院多户院落可以成立院落业委会性质的各种类型自治组织，建立以院落为单位的居民议事制度，在公共部门制订的统一性管理准则下，进行院落内部空间和院落社会问题的自我治理，包括私自建设、院落公共环境、居民行为等。

当院落具备一定的自我治理基础，就可以作为一个完整的行动主体参与决策、提交申请、获得公共部门支持，并监督实施过程。例如：在人口外迁、住房平移和租赁、住房修缮和环境改善等居住院落保护实践中，都可以探索以院落作为基本行动单元的实施方法。

　　基于控制的管控和基于参与的自我治理相结合，能够在院落中形成更高强度的共识和更有成效的行动。

第九章

评述和设想，什刹海

复兴历史文化街区是一个整体的目标，物质和非物质的文化遗产保护，居民生活的延续和持续改善，繁荣的经济活动，浓郁的文化韵味，既有可见的空间愿景，也有细微的切身感知。要达到这种整体的目标，不能仅仅依靠运动式的工程，而更需要系统的社会化方法和持续行动。

前文述及的价值共识、住房政策、空间行动和管控参与，是不同角度的讨论。这些讨论称不上理论或概念的建构，而大多来自实践观察和朴素的思考，来自一些地区已经形成的探索和设想。

9.1 什刹海的价值

什刹海拥有众多的历史文化古迹和传统四合院建筑，汇聚了丰富多元的文化要素，承载市民的文化休闲活动，展现了不同时期的京味生活，是汇集传统生活居住、风景游览与文化体验，展示老北京独特文化韵味和传统人居特色的重要历史文化街区之一[1]。这样的概括，来自20世纪80年代以来什刹海地区持续四十年左右的研究、规划、设计和实践探索，这些探索的最大价值是逐渐形成了什刹海地区的基本价值共识，并让这种共识发挥基础性作用。

早在20世纪80年代初期，清华大学建筑学院就首先提出了建立什刹海历史文化旅游区的建议，朱自煊教授主持完成了什刹海历史文化旅游区的总体规划，成为长期指导这一重要地区保护、整治、规划建设的重要发展纲要和管理依据。特别值得记录的是，汇通祠的重建与开放，更是成为早在20世纪80年代老一辈专家学者关心什刹海保护与发展的重要见证。吴良镛先生亲自为汇通祠的重建题写了碑记《重建汇通祠记》，朱自煊先生、郑光中先生一道主持完成了汇通祠的重建方案设计，汇通祠现在已经成为了什刹海西海最重要的历史地标。

在此后的近四十年的时间里，随着城市建设形势的发展，根据什刹海地区保护整治和发展建设的需要，清华大学建筑学院几代师生一直长期持续性地参与什刹海地区的保护规划研究和实践工作，又多次对这一地区的总体规划加以深化调整，在这个过程中逐渐形成了稳定的价值共识。

边兰春教授将这种价值共识的渐进形成过程归纳为"价值认知与旅游

---

1. 《什刹海历史文化保护区保护规划》，2000；《什刹海街区整理规划》，2018。

发展""整体保护与开发控制""保护修缮与公共空间营造""人居改善试点与机制探索"四个阶段。

价值认知与旅游发展的共识形成于1981年至1990年之间，这一阶段，什刹海秀丽的自然风光、宝贵的滨水空间的价值开始被广泛认知，北京市西城区政府在环湖1.5平方公里的范围内设立了风景旅游区，并成立了风景区管理处。这一时期先后编制了《什刹海地区总体规划》（1981年）、《什刹海历史文化旅游区总体规划》（1984年）、《什刹海历史文化风景区规划》（1988年）等，为什刹海环湖地区的定位、空间形态保护、旅游发展方向构建了基础框架，从工程的角度开展了景区景点塑造、景观环境修补、旅游设施建设等工作。

整体保护与开发控制的共识形成于1991年至2000年之间，什刹海在《北京城市总体规划（1991年—2010年）》中被列为历史文化保护街区之一，保护范围包含了三海及周边3平方公里的建成地区。在城市开发管控的需求和整体保护的理念下，又先后编制了《什刹海地区控制性详细规划》（1996年）、《什刹海旅游发展规划》（1998年）、《什刹海历史文化保护区保护规划》（2000年）等，建立了由空间格局、文物建筑、传统肌理、街巷胡同、四合院风貌等多种要素构成的保护体系，有效地控制和引导了这一地区的规划与建设。特别是在当时的老城更新改造的开发建设浪潮中，什刹海地区一直坚持对整体风貌的保护，施行保护整治和有机更新相结合的渐进发展策略，使这一地区的历史风貌得以维护，景观环境不断改善。

保护修缮与公共空间营造的共识形成过程自2001年一直持续至今，随着北京老城整体保护和历史文化街区保护的进展而不断完善。与北京"人文奥运"城市综合环境整治战略相统一，编制了《什刹海历史文化保护区"人文奥运"三年综合整治规划（2005年—2008年）》，作为什刹海地区三年综合整治工作的规划和指导。这一规划充分挖掘和梳理了什刹海历史文化街区的历史文化资源，从解决什刹海历史文化街区的主要矛盾入手，把公共空间的营造作为带动历史文化街区保护复兴的基础工作，提出了

"整体保护、市政先行；重点带动、循序渐进"的规划策略。同时，2005年以来，以《什刹海历史文化保护区保护规划》作为基础，先后完成《什刹海地区市政总体规划》《什刹海地区近期交通整治方案》《什刹海地区夜景照明规划》和《什刹海地区业态调整方案》《什刹海历史文化保护区风貌管理规划》等专项规划。近年来，结合北京老城整体保护和《首都功能核心区控制性详细规划》的编制，什刹海地区又先后编制完成了《什刹海街区整理规划》《什刹海街区控制性详细规划》等，分步实施了保护传统风貌、完善市政设施、合理组织交通、整治环湖景观、完善旅游配套等五大工程，打通环湖步道系统、实施西海环湖生态景观修复，使什刹海的景观风貌进一步得以提升和展现。随着北京市政府关于老城房屋修缮与人口疏解政策的出台、区政府组织实施的对烟袋斜街、护国寺街、鼓楼西大街、地安门外大街、旧鼓楼大街、德胜门内大街等历史文化街区的重点地区进行了历史空间传统风貌的综合整治，进一步提升了这些地区的环境品质和文化品位。

人居改善试点与机制探索同样自2001年至今处于持续的凝聚共识过程，实践探索从环湖地区逐步向街区内部延展，更加注重对历史保护中人居环境的改善和政策机制的探索。2000年，《什刹海历史文化保护区保护规划》得到北京市政府的批准。在此基础上，2001年，烟袋斜街与金丝套地区的保护规划开始进行，并对烟袋斜街实施综合整治和基础设施的改造，引导传统商业活动的复苏。2002年，清华大学建筑学院与社会学系进一步将社会学研究方法引入北京市政府确定的六片保护修缮试点地区之一的烟袋斜街地区保护修缮规划试点工作中来，对烟袋斜街及周边地区开展了历时半年的较为全面的居民调查，对于烟袋斜街试点地区及其周边地区的街区建筑环境、居民的居住状况、社会经济状况以及对保护更新的意愿等方面进行了详细的调查；以此为基础开展人口疏解及房屋修缮的政策设计，并编制完成这一地区保护修缮试点规划。2004年4月，北京市第39次市长办公会议审议通过了《什刹海历史文化保护区烟袋斜街试点片区保护修缮规划方案》。依据市政府批复的试点片区规划及对现状调研的分析，在所确定的大小石碑地区总占地面积0.37公顷的试点区启动范围内，进一步开展了深入的社会调查，形成了保护、修缮操作的政策框架和详细规划设计方案。此后进行的《什刹海地区住房与环境改善试点院落工作方案》（2013年）、《白米斜街乐春坊四合院建筑试点保护更新设计》（2014年）、《西城区平房四合院地区设计导则》（2018年）等研究工作，从社会—空间的视角继续深化对历史文化街区保护策略与实施机制的思考[2]。

从上文提及的一系列研究、规划和设计内容中可以看出，20世纪80年代至90年代的一系列规划中，开始比较清晰地对什刹海地区的历史水系、街巷胡同肌理、重要历史遗存、重要历史节点等空间要素的价值进行提炼。2000年在编制《什刹海历史文化保护区保护规划》时，这种对价值的整体性判断更加清晰，对城市传统格局（街巷胡同网络、水面形态）、标识性建筑（文物建筑与重要地标）、总体城市尺度和肌理（街巷宽度、建筑体量与高度）、城市色彩、老北京民风民俗等要素进行总结，同时指出人口超负荷、交通拥堵、基础设施缺失、房屋失修等问题已经严重影响空间要素的价值保护，开始将社会问题、支撑设施问题和物质空间角度的遗产价值并行研究（图9.1）。

2018年的《什刹海街区整理规划》更加系统地提出什刹海地区的社会—空间整体性价值既包括传统意义的遗产价值内涵——各类物质文化遗产和非物质文化遗产，又包括合理的社会生活外延——有序的居住、商业、旅游等社会活动，提出只有当文化遗产与社会生活处于良好的互动状态，历史文化街区的社会—空间整体性价值才能得到体现。在这个整体性价值的框架中，历史文化街区不是单纯空间的或物理属性的，日常生活方式、经济活动，甚至旅游观光行为都与其核心遗产价值密切相关，而且支撑社会生活的空间载体和设施也属于核心遗产价值的外延，是实现价值保护的基础条件和必要前提。

---

2. 边兰春、王晓婷：《规划解读｜海映日月，水绕京华，代代薪火相传，情系水岸人家》，微信公众号"北京规划自然资源"，2021年5月12日。

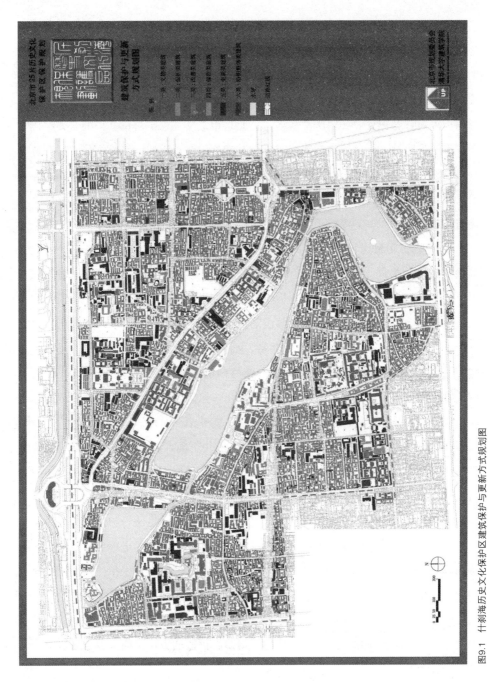

图9.1 什刹海历史文化保护区建筑保护与更新方式规划图

图片来源：北京市规划委员会.北京旧城二十五片历史文化保护区保护规划[M].北京：燕山出版社，2002.

回顾起来，20世纪80年代至今，什刹海地区形成了由传统的文化遗产要素与相应社会—空间关联要素共同构成的基本价值共识框架。

从传统意义的遗产价值看，什刹海是大运河世界文化遗产的重要节点，是传统中轴线的北段组成部分，有各级文物保护单位共53处。其中，国家级重点文物保护单位共有14处，如宋庆龄故居等；北京市级文物保护单位共17处，如广化寺、雪池冰窖等；西城区级文物保护单位共22处，如银锭桥、旌勇祠等；另有普查文物52处，如溥杰故居、庆云寺等；此外，还有大量的古树名木。另外，有国家级非物质文化遗产4项，北京市级非物质文化遗产5项，西城区级非物质文化遗产20项[3]。

如果站在北京老城整体保护的角度，什刹海地区较为明确的遗产价值还包括传统空间格局、重要历史节点、重要景观视廊和街道对景、传统风貌区域等。传统空间格局如北海、前海、后海、西海等水面，以及景山、琼岛、西海西北小山等山体；重要历史节点如德胜门箭楼、钟楼、鼓楼、万宁桥与火神庙、地安门与雁翅楼、北海白塔、景山万春亭、西四牌楼、西安门等；重要景观视廊如银锭观山、钟鼓楼—景山、钟鼓楼—德胜门箭楼、钟鼓楼—北海白塔、钟鼓楼—妙应寺白塔等；重要街道对景如陟山门街—景山万春亭、北海大桥—故宫西北角楼等；传统风貌区域则指大量传统院落和街巷胡同肌理。

从社会—空间关联要素看，居住生活、公共空间、商业旅游、基础设施等问题与文化遗产价值密切相关，主要包括：合理的居住密度和社会构成，宜居的居住空间和完善的生活服务设施；优美的环湖滨水空间，系统性的慢行系统，完善的绿地与开放空间系统；体现京味特色的特色商业，满足旅游和休闲需求的商业服务业；有序的道路交通系统与停车设施，完备的排水、供电等市政设施。这些内容并非传统的文化遗产价值内容，但文化遗产价值的有效保护，脱离不开这些社会的、空间的关联要素。

这种将社会—空间关联要素与传统文化遗产价值并置兼顾的基本价值观和思维方法，是一种可贵的、值得深究的对待遗产价值的方法。应是得益于这种价

3.《什刹海街区整理规划》，2018。

值观和思维方法，什刹海地区在逐渐凝聚价值共识的过程中，没有出现"非此即彼"或"今昔反复"的遗憾，而是在渐进延续中奠定了政策探索、空间行动和管控治理的基调，并对什刹海地区整体保护发挥了基础性作用。

9.2 渐进的烟袋斜街

稳定的、持续的社会—空间整体性价值的共识，奠定了什刹海地区保护实践的基石；在基石之上，则形成并坚持了小规模的、渐进式的基本行动准则。这种准则也绵延持续了四十余年。20世纪70年代末，什刹海地区有机更新的想法初见雏形，对当时老城大规模改造进行反思；2001年至2005年期间，烟袋斜街的整治、改造与更新，则是把这种反思变成实践探索的标志。

烟袋斜街是北京老城内一条具有悠久历史的街道，长约250米，东临老城历史中轴线地安门外大街，西接前海后海之间的银锭桥，遥望钟鼓楼，是联系什刹海环湖核心地区与地安门外大街的一条重要传统商业步行街道。烟袋斜街在历史上是一条传统商业街巷，经营的内容以文物、古玩、日杂、小吃为主，曾有"小琉璃厂"之称。中华人民共和国成立以后，在解决居住困难的过程中，居民私搭乱建侵占了街道空间，后来又逐渐被杂乱小店、发廊充斥。在20世纪末，曾经辉煌的烟袋斜街已经衰退成为一处空间拥挤、房屋失修、传统风貌丧失、市政设施杂乱无章、私搭乱建严重、传统文化氛围丧失、经济萧条、各类人员混杂而缺乏管理的破败之地。

继2000年北京市政府批准《什刹海历史文化保护区保护规划》之后，2001年，烟袋斜街6.9公顷保护整治规划启动。在这项整治规划中，拟定了一套颇具启发意义的实施方案——政府投入少量资金用于市政基础设施改造、拆除私搭乱建房屋并进行危房改造，通过这种方式稳定社会预期，用实际行动宣告，这里将不会像北京市其他地区正在进行的大范围危改那样进行集中成片的拆迁腾退；然后提出引导性的房屋修缮改造方法，提出促进商业发展的激励政策，尽可能地让社会力量和本地居民加入到整治行动之中。

这套方案得到政府和居民认可，在后来实施中也证明了它的有效性。规划编制完成后，公共部门开始组织拆除烟袋斜街沿街违章建筑，清理街道环境，并对沿街有风貌特色的传统建筑进行了以建筑为单位的分类修缮。西城区政府投资了160万元改善市政基础设施和拆除沿街违章建筑，有效释放了稳定的预期，沿街两侧居民和商户从观望甚至等待拆迁的状态，逐渐转向自发改善，开始建立基本的行为准则。到2004年，烟袋斜街的整体环境开始大为改观，虽然占道经营和小商贩依然众多，但街巷和沿街建筑的质量明显改善，开启了发展旅游的窗口。到2008年，基本所有的占道经营和杂乱商铺都已经消失了，烟袋斜街恢复成了整洁、有趣和富有特色的传统商业街（图9.2、图9.3）。

虽然以现在的眼光去重新审视烟袋斜街，它的商业业态也正在同质化，"10元店"正在占领街道，但回顾从20世纪末至今的演变，以微小代价进行先导性的投入，扭转街道杂乱无序的衰败趋势，让街道重新焕发活力和生机，其中的经验毫无疑问是值得深入总结的（图9.4）。

图9.2 改造前的烟袋斜街

图片来源：边兰春. 边兰春：怀旧中的更新，保护中的发展 北京什刹海地区历史文化景观的保护与整治［J］. 城市环境设计，2009（3）：14-29.

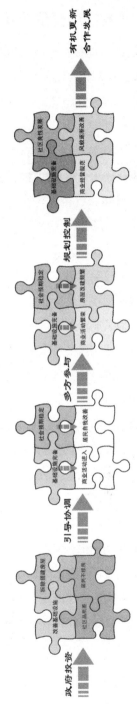

図9.3 改造后的烟袋斜街

图片来源：边兰春、边兰春：怀旧中的更新，保护中的发展 北京什刹海地区历史文化景观的保护与整治[J]. 城市环境设计，2009（3）：14-29.

烟袋斜街改造机制分析

政府投资 → 引导协调 → 多方参与 → 规划控制 → 有机更新 合作发展

图9.4 烟袋斜街改造机制分析——一种政府投入带动多方主体参与的路径

图片来源：边兰春、边兰春：怀旧中的更新，保护中的发展 北京什刹海地区历史文化景观的保护与整治[J]. 城市环境设计，2009（3）：14-29.

9.3 提供多样选择的大小石碑胡同

大小石碑胡同位于烟袋斜街北侧，是传统的居住片区，项目初始划定范围约0.37公顷，区域内没有文物保护单位，居住院落比较破败，形制不规整，院落尺度也较小，涉及16个院落，69户居民家庭，常住人口有145人，住房总面积约1552.5平方米[4]。

清华大学建筑学院和社会学系进行了综合性的物质空间与社会问题调查，发现在差别化住房条件和居住时间影响下，居民的诉求和意愿并不一致。大部分的直管公房承租家庭由于居住条件较差，居住时间相对较短，外迁的意愿比较突出；而多数的私房家庭居住时间相对较长，具有较强的修缮房屋的愿望和能力，更倾向于留住。

根据这种实际情况，大小石碑胡同项目最终形成了公房自愿外迁，私房自愿外迁与就近平移相结合，适度微调院落边界，建设社区服务公共用房的整体思路。同时，为了兼顾外迁居民和留住居民的利益均衡，在补偿机制上使外迁居民的补偿收益和留住居民住房面积增加的收益基本平衡。

在多方达成共识的方案中，包含了一系列的社会—空间行动内容，公房院落中承租家庭全部外迁，私房院落小石碑2号院中的家庭全部外迁，私房院落小石碑14号院中的家庭部分外迁，私房院落大石碑20号院中家庭迁至大石碑10号院（原公房院落，承租家庭全部选择外迁），其余私房院落中家庭全部留住，并参与住房改善。在大小石碑胡同的房屋修缮过程中，对房屋质量风貌进行了系统评价，分类采取了修缮、更新等不同方式，并进行了基础设施改造，其中若干完全破败的院落进行了更新重建，并利用地下空间建设了公共服务设施和停车设施（图9.5）。

大小石碑胡同的实施从2006年3月启动，由于兼顾了不同居民的利益，政府各部门、区域内各家庭之间都形成了共识，虽然实施方案涉及了整院外迁、部分外迁、院落平移、居民回迁等多种类型的政策和补偿方案，内容繁杂，但在各方密切配合下在较短时间内就顺利完成。

---

4. 《什刹海历史文化保护区烟袋斜街试点片区保护修缮规划》，2004。

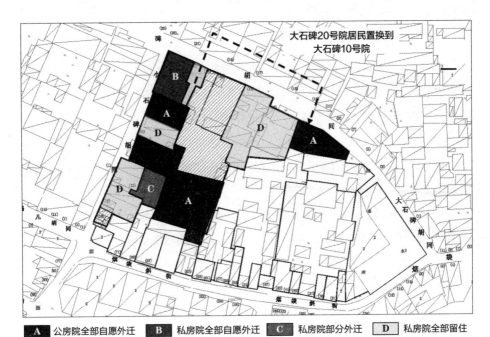

| A | 公房院全部自愿外迁 | B | 私房院全部自愿外迁 | C | 私房院部分外迁 | D | 私房院全部留住 |

图9.5 大小石碑胡同试点起步区人口搬迁与院落空间调整示意图

图片来源：笔者根据《什刹海历史文化保护区烟袋斜街试点片区保护修缮规划》（2004年）改绘。

在大小石碑胡同的居住改善过程中，探索了部分居民外迁、部分居民留住、部分居民在项目区域内置换住房等多种方式相结合的居住改善政策，这种方式解决了历史文化街区居住问题中的三大难题：一是通过外迁部分居民解决总体居住密度过高的问题；二是通过部分居民置换平移解决困难家庭的基本居住保障问题；三是通过空间整合解决居住片区内公共服务设施匮乏问题。

回顾大小石碑胡同项目的实施，这套方案在一个较小的、易于形成共识的社会—空间单元中"外迁一部分家庭，改善一部分家庭，完善一部分设施"，探索了本地留住、外迁腾退、平移置换的系统性居住改善政策，实现了部分家庭留住改善、部分家庭外迁改善、部分家庭平移置换改善和改善院落空间环境的综合目标。这种多种社会化方法和空间行动相结合的方式，迈出了探索北京历史文化街区人口外迁与居住改善的重要一步，虽然已经时隔近20年，但仍然具有突出的推广价值。

9.4 寻求均衡的空间行动

2005年，西城区启动了什刹海"人文奥运"公共空间整治的行动计划，对前海小广场、银锭桥三角地、火神庙周边等节点进行环境整治改造。这些改造实施项目，或位于文保单位周边，或处于传统特色商业街区，或立足改善传统居住生活环境，共同特点是希望通过公共空间整治，带动周边地区发生积极的变化，发挥先导性的作用（图9.6）。我比较关注的是，这项公共空间整治行动计划兼顾了均衡、联系和阶段改善的平衡。

临着什刹海的前海、后海和西海，是一圈连续的道路，环湖道路串联着不同类型的片区，例如：前海广场、烟袋斜街、环湖酒吧街是旅游和商业比较发达的片区，火神庙周边是居民和游客交汇聚集的片区，前海西沿、后海北沿和西海雨来散地区则属于典型居住片区（图9.7～图9.10）。

环湖公共空间整治中，并未将环境提升行动局限在局部地段，而是选择了整个环湖地区沿线，并选择了若干重要节点，"整体保护、市政先行、重点带动、循序渐进"的基本原则反映了这种片区间均衡的总体设想。在这项计划中，将什刹海的环湖地区作为整体进行设计，将其中不同片区的空间、功能、社会特点进行分类，采取差别化的公共空间整治方法。2005年至2008年期间，这些环湖道路串联的、分布在不同类型片区中的公共空间陆续改造完成，什刹海地区的环湖公共空间体系初见雏形。值得一提的是，这次环湖地区公共空间行动计划的整体性和均衡性凝聚了多方共识，在2008年之后持续发挥着中长期行动计划的作用。

在2018年的《什刹海街区整理规划》中，这种制订整体的、均衡的、可实施的中长期行动计划的理念得以延续和拓展。这次规划中，将什刹海地区面临的空间和社会问题归纳为历史文化遗产保护、居住密度控制与居住改善、商业与旅游活动管控、公共空间与街巷环境整治、市政与交通基础设施提升等方面，并通过多方讨论将不同方面行动整合成为系统的中长期行动计划，包括整体空间行动计划和五个专项行动。

《什刹海街区整理规划》中梳理什刹海地区面临的主要问题包括：①历史文化遗产保护方面，市区级文物保护单位的保护状况仍然较差；具有文化价值的

图9.6 什刹海环湖公共空间整治计划

图片来源：边兰春．边兰春：怀旧中的更新，保护中的发展
北京什刹海地区历史文化景观的保护与整治［J］．城市环境
设计，2009（3）：14-29.

图9.7 改造前的后海公园

图片来源：边兰春．边兰春：怀旧中的更新，保护中的
发展 北京什刹海地区历史文化景观的保护与整治［J］．
城市环境设计，2009（3）：14-29.

图9.8 改造后的后海公园

图片来源：边兰春．边兰春：怀旧中的更新，保护
中的发展 北京什刹海地区历史文化景观的保护与整
治［J］．城市环境设计，2009（3）：14-29.

图9.9 改造前的雨来散广场

图片来源：边兰春．边兰春：怀旧中的更新，保护中的发展 北京什刹海地区历史文化景观的保护与整治［J］．城市环境设计，2009（3）：14-29.

图9.10 改造后的雨来散广场

图片来源：边兰春．边兰春：怀旧中的更新，保护中的发展 北京什刹海地区历史文化景观的保护与整治［J］．城市环境设计，2009（3）：14-29.

院落建筑仍需进一步纳入保护体系；文化资源保护利用方式较为单一，文化资源之间的联系互动不足，活化利用状况较差。②居住密度控制与居住改善方面，人口总体密度偏大，部分院落居住密度过大；人口疏解模式仍需完善，需要探索腾退空间再利用方式。③商业与旅游活动管控方面，文化内涵挖掘不足，文化资源利用方式单一；商业街业态同质化，沿街商业过度发展；旅游服务设施不足，空间分布不尽合理。④公共空间与街巷环境整治方面，文化遗产周边与滨水特色公共空间仍需提升品质；小微绿地与日常公共空间不足。⑤市政与交通基础设施提升方面，人流车流量大，交通压力大；停车设施不足，停车管理困难；受胡同空间限制，排水系统改造困难。

在《什刹海街区整理规划》的整体空间行动计划中，按照空间格局、重点区域、重要历史节点、重要景观视廊和街道对景、主要历史文化探访路、重点环境改善区段等安排整体性的实施计划（图9.11）。①中轴线：整治历史中轴线周边环境；提升鼓楼与钟楼、万宁桥与火神庙、地安门与雁翅楼、景山万春亭等重要节点及其周边环境。②明清北京城廓：优化完善北二环、平安大街、朝阜大街沿线绿地系统；保护和展现钟楼、鼓楼、地安门、景山万春亭等历史文化节点。③历史水系：通过遗址保护、恢复性重建、意向性展示等方式展现柳荫街、西板桥河道等历史水系；提升滨水空间环境品质，为市民提供有历史感和文化魅力的滨水开敞空间。④街巷胡同格局：保护现存街巷胡同肌理，实施胡同微空间改善计划，提升步行环境，发展街巷文化；建设北二环、平安大街、朝阜大街等文化景观街道；建设新街口北大街—西四北大街商业副轴。⑤胡同四合院传统建筑形态：注重历史遗产保护与传承，推进文物腾退、修缮、增补工作。⑥老城平缓开阔的空间形态：恢复银锭观山景观视廊；保护景山万春亭、北海白塔、妙应寺白塔、钟鼓楼、德胜门箭楼等地标建筑之间的景观视廊；保护朝阜大街北海大桥东望故宫西北角楼、陟山门街东望景山万春亭等街道对景。

在制订中长期整体空间行动计划的同时，规划提出五个行动策略来系统解决所面临的问题：①整院疏解腾退：腾退修缮部分被占用的文物保护单位和历史建筑；腾退改造居住极其困难的杂院；腾退更新存在安全隐患的简易楼。②精准改善居住：通过疏解腾退、平移置换、保障性租赁等多种方式提高居住极困难家庭的居住条件；综合采取院落拆违、物业化管理和院落自治等多元治理方式改善居住院落环境。③商业管控提升：进行商业总量控制，建立业态准入机制，进行弹性、动态的业态评估，提高业态的文化内涵和本地关联度。④文化散步道建设：营造什刹海地区的文化散步道系统，重点街巷胡同进行环境品质提升，沿线探索文物保护单位与腾退院落的活化利用新模式。⑤交通与市政基础设施提升：分区分片进行停车治理，多种途径增加停车设施；分类分

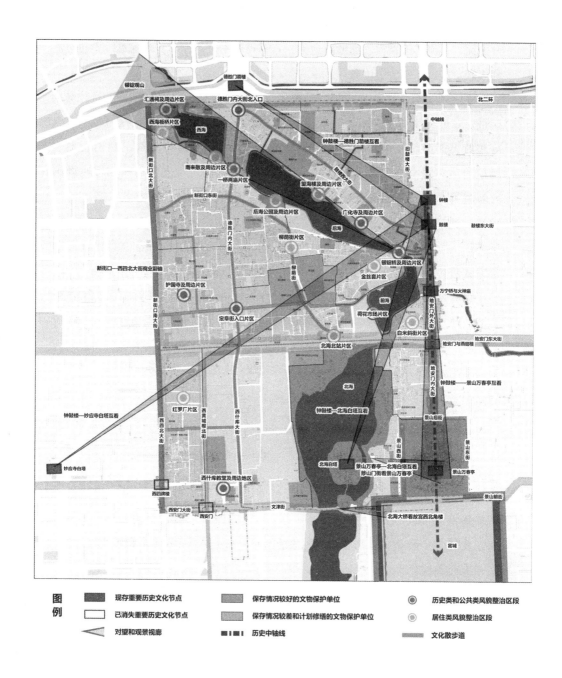

图9.11　什刹海地区的中长期空间计划设想

图片来源：笔者根据《什刹海街区整理规划》（2018年）改绘。

时加强交通管理，重点片区实施限行限停；分段分期提升排水设施，带动居住院落内部环境改善。

9.5 居住改善的政策设想

在2013年启动的什刹海住房与环境改善项目中，采取了"整院申请式腾退"的方法，这种方案开始将社会要素（居民自愿）与空间要素（整院申请）相结合，相对"完全集中连片的腾退外迁"和"完全家庭申请式的腾退外迁"的方法，应是具有更多优势。

但由于居民意愿和利益诉求的差异，这次行动中只有小规模院落才能形成外迁共识，"整院"的空间约束条件反而成为筛选过滤小规模院落的过程，具有外迁腾退院落的数量少、尺度小，空间利用困难的问题。同时，由于尚未辅以平移置换、租赁保障等方法，也没有对申请外迁家庭的实际居住条件进行甄别，所以也有另外一些不足：一是通过外迁直接带动住房极困难家庭居住改善的效果并不明显；二是外迁居民集中在少数院落之中，留住院落的居住密度仍未改变，留住院落的风貌保护和居住改善仍然未实现。

因此，关于什刹海的居住改善政策，有三个问题值得思考：一是居住改善需要充分尊重居民外迁或留住意愿，集中连片进行腾退外迁违背了居民意愿分布的基本规律；二是尊重居民意愿的同时，也需要重视腾退空间可利用性和未来的居住形式，不加甄别按照居民意愿的外迁行动，则过于理想化；三是单一的人口外迁政策无法解决居住改善问题，而应与住房管理、住房保障政策形成体系，为居住改善提供更加多样的选择。基于这些思考，在《什刹海街区整理规划》（2018年）中尝试系统提出什刹海地区合理的住房管理政策、外迁腾退政策和居住保障政策。

首先是对什刹海地区人口住房问题的再认识。什刹海街道2010年户籍人口约12万人，常住人口约9.5万人，其中本地常住人口约6.3万人，外来常住人口约3.2万人。经过8年时间以后，什刹海街道的户籍人口略增，常住人口、本地户籍常住人口和外来人口都显著降低，住房总面积降低了约8万平方米，如果以常住人口计算，其间什刹海街道的人均住房面积约从14.6平方米/人增加至20.6平方米/人[5]，这表明什刹海地区自发的外迁现象依然是非常清晰的。如果细分人口的变动，其间本地户籍常住人口减少约1.7万人，其中通过公共部门主导的院落式申请疏解减少居住人口约0.2万人，另外1.5万人则属于自发的外迁；而外地户籍常住人口减少约1.3万人，应是来自清理直管公房转租转借和业态管控的原因。这两类人口的变动是什刹海街道常住人口总量降低的主要原因（表9.1）。

表9.1 2010年与2018年什刹海街道的人口变动对比

		2010年	2018年
	户籍人口	约12万人	约12.5万人
	常住人口	约9.5万人	约6.5万人
其中	户籍在本街道	约6.3万人	约4.6万人
	户籍不在本街道	约3.2万人	约1.9万人（其中外地来京约1.4万人，非本街道的本市居民约0.5万人）

数据来源：2010年数据根据六普数据，2018年数据根据什刹海街道人口住房调查情况整理，未经审计。

简言之，什刹海街道的户籍人口并未降低，但由于自发外迁、租赁管理和业态管控，常住人口明显降低，其数量远大于政府主导外迁腾退的数量，同时，外来人口数量仍然巨大。

第一步适宜的做法应是通过住房管理降低总体居住密度。住房管理政策涉及外来常住人口逾0.9万人，通过加强人户分离公房和自建房的租赁管理，使其不再吸纳外来人口，大约可以降低常住人口总量的一成。通过公共部门趸租人户分离住房，将人户分离住房作为空间资源，提供保障性住房、改善型租赁住房、公共设施用房和商业用房，能够极大缓解空间资源不足的困境。

第二步应是通过少量的、精准的人口外迁和院落腾退进一步降低总体居住密度和完善公共设施。外迁腾退仍然适宜以整院的方式实施，可以大致分为三类院落：第一类是存在严重隐患且对文保单位和历史建筑利用不合理的院落；第二

---

5. 2010年人均住房面积按照什刹海街道六普数据计算；2018年人均住房面积以2016年住房总面积和2018年常住人口数计算，存在误差，但由于什刹海街道在2017年的住房总面积变动幅度不大，仍然具有可信度。

类是可利用性强的院落或小地块，通过在外迁腾退中增加评估环节，增强腾退院落的空间可利用性，用以提升公共服务设施和基础设施；第三类是简易楼中居住的家庭和没有产权住房而仅能居住在自建房中的家庭。

其中第一类和第三类家庭的外迁腾退由于具有明确的文物保护和解危解困要求，应当采取更加主动的引导措施，甚至采用征收、解约等具有约束力的方式。而第二类外迁腾退则应当完善"自愿申请+评估实施"的流程。将申请外迁腾退的"居民申请—签约腾退"的申请外迁腾退流程优化为"居民申请—统计评估申请家庭密集区域—评估区域内空间保护要求和空间可利用性—院落间平移置换—签约腾退形成可利用性强的腾退空间—空间再利用"，通过平移置换方式提高整院腾退的可能性，增强整院腾退的空间可利用性。

最后是通过住房保障解决居住困难问题，推动增加"平移+公租""平移+市场租"等途径改善居民居住条件。以整院腾退住房和趸租的人户分离住房作为基础，采取平移置换、保障性租赁和市场化租赁的多元方式提高居民实际居住面积，能够在院落之间和院落内部形成稳定的居住流动途径，提高家庭实际可居住面积。"平移+公租"针对居住极困难家庭，根据居民家庭实际条件，可通过政府补贴方式提供租赁住房，超出住房保障标准部分的面积按市场价收取租金，改善住房极困难家庭的实际居住条件。"平移+市场租"针对不符合住房保障条件的居民家庭，在保持现有房屋产权面积不变的前提下，可以在区内提供的居住房源中选择平移住房，原有认证居住面积的相应权益不变，超出该部分的面积按市场价收取租金，鼓励具备经济条件的居民在不变动产权权益的条件下，改善居住条件。

9.6 居住院落的保护更新

从1978年什刹海地区"类四合院"设想，到1989年菊儿胡同有机更新实践，再到21世纪初什刹海地区的小规模渐进式有机更新探索，居住问题始终是北京老城保护研究的焦点。40余年来，院落保护更新的实践探索层出不穷，乐春坊1号院则是什刹海地区的一次居住院落保护更新尝试。

乐春坊1号院位于什刹海白米社区，占地面积411平方米，原有10户居民，产权建筑面积为177平方米，自建房屋面积为43平方米，房屋质量极差。2014年，在什刹海地区住房与环境改善项目中，居民全部申请外迁，这是乐春坊1号院的基本情况（图9.12）。

　　对什刹海地区整体保护的思考，是乐春坊1号院保护更新探索的基础。什刹海地区整体人口密度大，人均住房面积低，居民服务设施分布不均，交通与停车问题突出。根据房屋质量风貌调查、院落人口数据分析和居民意愿调查，什刹海人口密度最高、居民外迁意愿最强的院落集中在若干小片区；同时，这些小片区内的建筑质量风貌普遍较差，是居民生活条件最差的片区，也是人口外迁应当关注的重点地区。乐春坊片区即是其中一片，与乐春坊片区类似的地区还有西海西沿、西海北片、羊房胡同西侧，等等，这些小片区具有突出的典型性，它们的保护更新探索，将在更大范围内持续地产生影响。

　　如果将尺度从什刹海地区聚焦到白米社区，其中的停车设施和居民服务设施匮乏，存在很多居住困难家庭，但缺少可供居住改善的空间资源。而在白米斜街的乐春坊片区1～6号院的60户居民中，有57户申请外迁，而且6个院落的房屋质量风貌普遍极差，均为划定的更新改造类建筑。这6个院落共计占地2014平方米。经过讨论，1号院更适合作为居民安置院落，为白米社区后续的人口外迁与

图9.12　改造前的乐春坊1号院

图片来源：笔者摄于2015年。

居民安置提供空间资源。而2~6号院由于较为集中，适宜作为居民服务设施，提高居民服务和公共设施供给水平，同时可以利用较为集中的地下空间建设停车设施，解决附近居民的停车问题。

经过什刹海地区—白米社区—乐春坊片区的逐级调查和论证，大致确定了将乐春坊1号院作为居住院落提供居住改善空间的策略。另外，现状居民家庭居住面积和适宜居住改善目标的研究，为乐春坊1号院建设居住改善空间提供了重要参考标准。切实可行的居住改善，既不能脱离实际追求过高标准，也应当在现有基础上有效提高居民的居住条件，同时也应尊重居民自身的条件和意愿进行逐步提升与改善。

家庭住房面积是乐春坊1号院设计中的重点。根据什刹海地区的住房调查情况，筛除住房面积大于90平方米的家庭之后，住房面积在18~35平方米的家庭占比较大；在白米社区，家庭住房面积平均值为31.8平方米，中位数为30.2平方米；在乐春坊1~6号院中，原住家庭的住房面积平均值为24.3平方米。

对什刹海、西四北、南锣鼓巷等历史文化街区进行的居民调查显示，当人均住房面积达到15平方米，家庭住房面积达到40平方米时，居民居住满意程度出现较大的跃升，即一般居民家庭认为满足基本生活条件的住房面积约为人均15平方米，相应的家庭住房面积约为40平方米。这些满意度调查结果与北京市保障性住房申请标准中的人均住房面积15平方米恰好吻合，而明显低于北京市城镇家庭人均住房面积。居民对住房面积的诉求低于北京市平均水平的原因大致有两个方面：一是同等建筑面积下，在四合院中的实际使用面积偏大一些；二是居民自身对阶段性改善的诉求理性而实际。

居民家庭住房面积调查具有重要的参考价值，在乐春坊1号院更新改造过程中非常注重适宜住房面积的推敲，尤其关注极小住房面积家庭。最终设置的家庭住房面积大致在30平方米至50平方米之间，大致比一般家庭的住房面积略高一点点，在作为居民安置院落时，既能实现一定的居住改善，又不至超过迁入居民的承受能力而将其变相挤出。

此外，尊重居民生活方式是空间形式的最基本要求。乐春坊1号院的设计方案中，通过居民访谈和空间使用方式测绘，形成了对居民生活方式的理解，并转化为若干引导建筑方案设计的原则，例如厨、浴、厕、梯等宁小求全的空间要求；起居、休憩、餐厨、储物等功能复合且灵活可变的集约使用方式；同样住房面积下，不同家庭结构差异化的实际生活需求；采光、通风、夹层利用等技术问题等（图9.13）。

　　乐春坊1号院是一次兼顾传统风貌保护要求和实际经济社会条件的居住改善探索，试图从街区、社区、邻里院落的不同尺度，寻找居住院落保护更新的适宜途径，试图从住房政策、住房面积、住房设计和居民生活方式的不同角度，讨论居住院落保护更新的未来可能性。居住院落是北京历史文化街区的最基本细胞，其空间形式和社会生活方式的关联、衍化，是北京历史文化街区中最微观、最深刻的基础。

图9.13　改造后的乐春坊1号院

图片来源：笔者摄于2017年。

结语

追求均衡和整体，是观察北京老城时的一种朴素情感。在北京老城这个有机的整体内部，天然存在着秩序和差异，然而这种差异应当保持在一定的界线之内，尤其是要保障处于较低一端的下限，唯有保障这个下限，老城的多样性才能表现出整体之美。

经过这20余年来的不懈努力，北京老城，尤其是历史文化街区面临的困境已经不同于20世纪末划定历史文化街区之初，普遍的、持续的衰败趋势已经得到遏制，局部的复兴已经初露端倪，但全面的、可持续的复兴仍然没有找到适宜道路。所以，当书中以碎片化来描述北京老城的空间和生活时，并非要对这20年来北京老城的变化持负面态度，而更多是担忧于不同片区、不同院落和不同家庭之间的过大差异，更多是希望我们将目光转向高比例的困难片区、院落和家庭。

在寻找历史文化街区可持续复兴之路的过程中，价值共识是基石，脱离了价值共识，整体性的目标、策略和行动都无从谈起。近20年来，价值共识的模糊是最易被忽视而影响最为深远的问题。虽然北京市已经明确"构建四个层次、两大重点区域、三条文化带、九个方面的历史文化名城保护体系"[1]，但具体到历史文化街区中，如何界定文化遗产价值的空间要素和社会要素还存在诸多模糊不清的问题，恰恰是这种模糊，产生了多样的标准、原则和基本策略。在凝聚价值共识的过程中，首要之处应在于构建一个包含社会和空间愿景的价值认知体系，在这个体系中，尤其要注重对最困难一端的关照和保障，注重渐进式的、阶段化的改善原则。

面对历史文化街区的复杂现实，政策设计很容易陷入单一化目标的陷阱，这背后是收缩界线的思维逻辑。以单一目标导向的政策来应对复合的人口、住房和物质文化遗产保护问题，必然会形成新的矛盾和新的困难。在空间行动中，

1.《北京城市总体规划（2016年—2035年）》。

这种收缩界线的思维逻辑则会导致以主体、职能、时间、范围和要素为名义的切割，将单一目标导向的政策不足进一步放大，分工合作瓦解为割裂行动，产生持久的连锁反应。如果缺乏对这种连锁反应的预判，采取"头疼医头、脚疼医脚"的行动方式，往往会顾此失彼。所以空间行动的要点在于将整体性的、系统性的中长期计划和具体的、有针对性的近期行动相结合，将各种行动真实有效地纳入整体性空间计划之中。这其中，尤其应注重均衡的、可延续的投入方式，注重协作的、高效的行动方法。

此外，公私之间、家庭个体之间的边界同样值得讨论。居民家庭经济社会属性差异决定了居民家庭之间利益诉求和行为意愿的多样化，当这种多样化在微观空间内缺乏有效的规则边界时，就会削弱邻里交往、共识和合作，因此应当不断调试刚性、弹性管控和自我治理的适宜界线，才能实现真正有效的治理。

北京老城，院落社会，站在新的十字路口。

参考文献

[1] 北京市规划和国土资源管理委员会. 北京城市总体规划（2016年—2035年）［Z］. 2017.

[2] 北京市规划和国土资源管理委员会. 首都功能核心区控制性详细规划（街区层面）（2018年—2035年）［Z］. 2020.

[3] 北京市规划委员会. 北京城市总体规划（2004年—2020年）［Z］. 2005.

[4] 北京市规划委员会. 北京旧城二十五片历史文化保护区保护规划［M］. 北京：燕山出版社，2002.

[5] 北京市规划委员会. 北京历史文化名城北京皇城保护规划［M］. 北京：中国建筑工业出版社，2004.

[6] 边兰春，井忠杰. 历史街区保护规划的探索和思考：以什刹海烟袋斜街地区保护规划为例［J］. 城市规划，2005，29（9）：6.

[7] 边兰春. 北京旧城整体性城市设计［D］. 北京：清华大学，2010.

[8] 边兰春. 怀旧中的更新，保护中的发展 北京什刹海地区历史文化景观的保护与整治［J］. 城市环境设计，2009（3）：14-29.

[9] 陈志华. 保护文物建筑及历史地段的国际宪章［J/OL］.世界建筑，1986（3）：13-14. DOI：10.16414/j.wa.1986.03.003.

[10] 陈志华. 介绍几份关于文物建筑和历史性城市保护的国际性文件（二）［J/OL］.世界建筑，1989（4）：73-76. DOI:10.16414/j.wa.1989.04.021.

[11] 陈志华. 介绍几份关于文物建筑和历史性城市保护的国际性文件（一）［J/OL］.世界建筑，1989（2）：65-67. DOI:10.16414/j.wa.1989.02.011.

[12] 程晓曦. 混合居住视角下的北京旧城居住密度问题研究［D］. 北京：清华大学，2012.

[13] 仇立平，顾辉. 社会结构与阶级的生产：结构紧张与分层研究的阶级转向［J］. 社会，2007（2）：26-51.

[14] 大卫·哈维. 巴黎城记［M］.桂林：广西师范大学出版社，2010.

[15] 邓小平. 邓小平文选：第3卷［M］.北京：人民出版社，1993.

[16] 邓奕，毛其智. 北京旧城社区形态构成的量化分析：对《乾隆京城全图》的解读［J］. 城市规划，2004（5）：61-67.

[17] 史蒂文·蒂耶斯德尔，蒂姆·希思，塔内尔·厄奇. 城市历史街区的复兴［M］.张玫英，董卫，译.北京：中国建筑工业出版社，2006.

[18] 董光器. 古都北京五十年演变录［M］.南京：东南大学出版社，2006.

[19] 范嗣斌，边兰春. 烟袋斜街地区院落整治更新初探［J］. 北京规划建设，2002（1）：23-27.

[20]方可. 从城市设计角度对北京旧城保护问题的几点思考［J］. 世界建筑, 2000（10）: 61-65.

[21]方可. 当代北京旧城更新: 调查・研究・探索［M］.北京: 中国建筑工业出版社, 2000.

[22]斐迪南・滕尼斯. 共同体与社会［M］.北京: 北京大学出版社, 2010.

[23]费孝通. 乡土中国［M］.北京: 人民出版社, 2008.

[24]冯斐菲. 北京历史街区微更新实践探讨［J］. 上海城市规划, 2016（5）: 26-30.

[25]冯斐菲. 让旧城的魅力再现［D］. 北京: 中央美术学院, 2011.

[26]冯健, 周一星. 转型期北京社会空间分异重构［J］. 地理学报, 2008（8）: 829-844.

[27]冯健, 周一星.中国城市内部空间结构研究进展与展望［J］. 地理科学进展, 2003（3）: 204-215.

[28]葛天任. 社区碎片化与社区治理［D］. 北京: 清华大学, 2014.

[29]顾朝林, 克斯特洛德. 北京社会极化与空间分异研究［J］. 地理学报, 1997（5）: 3-11.

[30]顾朝林. 论构建和谐社会与发展社会地理学问题［J］. 人文地理, 2007（3）: 7-11.

[31]桂勇, 黄荣贵. 城市社区: 共同体还是"互不相关的邻里"［J］. 华中师范大学学报（人文社会科学版）, 2006（6）: 36-42.

[32]郭于华, 沈原. 居住的政治: B市业主维权与社区建设的实证研究［J］. 开放时代, 2012（2）: 83-101.

[33]韩光辉. 北京历史人口地理［M］. 北京: 北京大学出版社, 1996.

[34]何红雨. 走向新平衡: 北京旧城居住区的改造更新［D］. 北京: 清华大学, 1991.

[35]何深静, 于涛方, 方澜. 城市更新中社会网络的保存和发展［J］. 人文地理, 2001（6）: 36-39.

[36]何艳玲. 都市街区中的国家与社会［M］. 北京: 社会科学文献出版社, 2007.

[37]和朝东, 石晓冬, 赵峰, 等. 北京城市总体规划演变与总体规划编制创新［J］. 城市规划, 2014, 38（10）: 28-34.

[38]侯仁之. 北京城的生命印记［M］. 北京: 生活・读书・新知三联书店, 2009.

[39]侯仁之. 北京城市历史地理［M］. 北京: 燕山出版社, 2000.

[40]黄怡. 城市居住隔离及其研究进程［J］. 城市规划汇刊, 2004（5）: 65-72+96.

[41]贾蓉. 大栅栏更新计划: 城市核心区有机更新模式［J］. 北京规划建设, 2014（6）: 98-104.

[42]蒋亮, 冯长春. 基于社会—空间视角的长沙市居住空间分异研究［J］. 经济地理, 2015, 35（6）: 78-86.

[43]焦怡雪. 社区发展: 北京旧城历史文化保护区保护与改善的可行途径［D］. 北京: 清华大学, 2003.

[44]井忠杰. 北京旧城保护中政府干预的实效性研究［D］. 北京: 清华大学, 2004.

[45]蓝佩嘉.跨国灰姑娘[M].长春: 吉林出版集团有限责任公司, 2011.

[46]老舍. 四世同堂［M］. 北京: 人民文学出版社, 1998.

[47] 李春玲. 断裂与碎片：当代中国社会阶层分化实证分析 [M]. 北京：社会科学文献出版社，2005.

[48] 李菁，王贵祥. 清代北京城内的胡同与合院式住宅：对《加摹乾隆京城全图》中"六排三"与"八排十"的研究 [J]. 世界建筑导报，2006（7）：6-11.

[49] 李康，金东星. 北京城市交通发展战略 [J]. 北京规划建设，1997（6）：5-8.

[50] 李路路. 社会结构阶层化和利益关系市场化：中国社会管理面临的新挑战 [J/OL]. 社会学研究，2012，27（2）：1-19+242. DOI:10.19934/j.cnki.shxyj.2012.02.001.

[51] 李强，葛天任. 社区的碎片化：Y市社区建设与城市社会治理的实证研究 [J]. 学术界，2013（12）：40-50+306.

[52] 李强. 中国社会变迁30年 [M]. 北京：社会科学文献出版社，2008.

[53] 李志刚，顾朝林. 中国城市社会空间结构转型 [M]. 南京：东南大学出版社，2011.

[54] 李志刚，吴缚龙，刘玉亭. 城市社会空间分异：倡导还是控制 [J]. 城市规划汇刊，2004（6）：48-52+96.

[55] 梁嘉樑. 北京旧城传统居住院落的演变研究 [D]. 北京：清华大学，2007.

[56] 梁思成. 梁思成文集：第四卷 [M]. 北京：中国建筑工业出版社，1986.

[57] 林楠，王葵. 北京玉河北段传统风貌修复 [J]. 北京规划建设，2005（4）：52-56.

[58] 林楠，王葵. 文化传承与城市发展：北京南池子历史文化保护区（试点）规划设计 [J]. 建筑学报，2003（11）：7-11.

[59] 刘佳燕. 关系·网络·邻里：城市社区社会网络研究评述与展望 [J]. 城市规划，2014（2）：91-96.

[60] 刘精明，李路路. 阶层化：居住空间、生活方式、社会交往与阶层认同——我国城镇社会阶层化问题的实证研究 [J]. 社会学研究，2005（3）：52-81+243. DOI:10.19934/j.cnki.shxyj.2005.03.003.

[61] 刘蔓靓. 北京旧城传统居住街区小规模渐进式有机更新模式研究 [D]. 北京：清华大学，2006.

[62] 刘小萌. 清代北京内城居民的分布格局与变迁 [J]. 首都师范大学学报（社会科学版），1998（2）：46-57.

[63] 刘晔，李志刚，吴缚龙. 1980年以来欧美国家应对城市社会分化问题的社会与空间政策述评 [J]. 城市规划学刊，2009（6）：72-78.

[64] 吕斌，王春. 历史街区可持续再生城市设计绩效的社会评估：北京南锣鼓巷地区开放式城市设计实践 [J]. 城市规划，2013，37（3）：31-38.

[65] 吕斌. 南锣鼓巷基于社区的可持续再生实践：一种旧城历史街区保护与发展的模式 [J]. 北京规划建设，2012（6）：14-20.

[66] 吕海虹，宋晓龙，赵晔. 什刹海白米斜街地区保护规划 [J]. 北京规划建设，2007（1）：74-78.

[67] 吕俊华. 南池子危旧房改造规划[M].北京：清华大学出版社，2003.

[68] 南池子工程指挥部. 南池子文保区修缮改建前后情况介绍 [J]. 北京规划建设，2004（2）：98-100.

[69] 内盒院 [J]. 城市环境设计, 2020 (2): 118-121.

[70] 平永泉. 建国以来北京的旧城改造与历史文化名城保护[J]. 北京规划建设, 1999 (5): 8-12.

[71] 平永泉. 建国以来北京的旧城改造与历史文化名城保护 (续) [J]. 北京规划建设, 1999 (6): 4-9.

[72] 清华大学建筑学院. 北京旧城保护研究报告 [R]. 2009.

[73] 邱跃, 陈晶. 论北京名城保护工作中的城市治理 [J]. 北京规划建设, 2016 (3): 61-64.

[74] 曲蕾. 居住整合: 北京旧城历史居住区保护与复兴的引导途径 [D]. 北京: 清华大学, 2004.

[75] 莎伦·佐金. 裸城: 原真性城市场所的生与死 [M]. 上海: 上海人民出版社, 2015.

[76] 邵磊. 北京旧城传统街区居民分化状况与保护更新政策思考: 以什刹海烟袋斜街地区保护更新政策研究为例 [J]. 北京规划建设, 2005 (4): 57-62.

[77] 申悦, 柴彦威. 基于日常活动空间的社会空间分异研究进展 [J]. 地理科学进展, 2018, 37 (6): 853-862.

[78] 沈原. 社会转型与工人阶级的再形成 [J]. 社会学研究, 2006 (2): 13-36.

[79] 舒乙. 南池子的得与失 [J]. 北京规划建设, 2004 (2): 114-116.

[80] 斯皮罗·科斯托夫. 城市的形成: 历史进程中的城市模式和城市意义 [M]. 单皓, 译. 北京: 中国建筑工业出版社, 2005.

[81] 宋伟轩, 吴启焰, 朱喜钢. 新时期南京居住空间分异研究 [J]. 地理学报, 2010, 65 (6): 685-694.

[82] 苏振民, 林炳耀. 城市居住空间分异控制: 居住模式与公共政策 [J]. 城市规划, 2007 (2): 45-49.

[83] 孙斌栋, 吴雅菲. 中国城市居住空间分异研究的进展与展望 [J]. 城市规划, 2009, 33 (6): 73-80.

[84] 谭英. 从居民的角度出发对北京旧城居住区改造方式的研究 [D]. 北京: 清华大学, 1997.

[85] 唐晓峰, 辛德勇, 李孝聪. 九州(第二辑) [M]. 北京: 商务印书馆, 1999.

[86] 唐子来. 西方城市空间结构研究的理论和方法 [J]. 城市规划汇刊, 1997 (6): 1-11.

[87] 汪光焘. 北京历史文化名城的保护与发展 [M]. 北京: 五洲传播出版社, 2005.

[88] 王景慧, 阮仪三, 王林. 历史文化名城保护理论与规划 [M]. 上海: 同济大学出版社, 1999.

[89] 王军. 城记 [M]. 北京: 生活·读书·新知三联书店, 2003.

[90] 王世仁, 吴三英, 李剑波, 等. 在发展中保护古都风貌的一次实践: 前门大街改造纪事[C]//当代北京研究, 2010 (1): 34-38.

[91] 王亚男. 1900—1949年北京的城市规划与建设研究 [M]. 南京: 东南大学出版社, 2008.

[92] 王英. 从大规模拆除重建, 到小规模渐进式更新: 北京丰盛街坊更新改造规划研究 [J]. 建筑学报, 1998 (8): 47-52.

[93]威廉·朱利叶斯·威尔逊. 真正的穷人：内城区、底层阶级和公共政策［M］. 上海：上海人民出版社，2007.

[94]文爱平. 北京前门大街全面整治方案出台始末［J］. 北京规划建设，2009（6）：85-86.

[95]吴晨. 老城历史街区保护更新与复兴视角下的共生院理念探讨：北京东城南锣鼓巷雨儿胡同修缮整治规划与设计［J］. 北京规划建设，2021（6）：179-186.

[96]吴良镛. 北京旧城居住区的整治途径：城市细胞的有机更新与"新四合院"的探索［J］. 建筑学报，1989（7）：11-18.

[97]吴良镛. 北京旧城与菊儿胡同［M］. 北京：中国建筑工业出版社，1994.

[98]吴良镛. 从"有机更新"走向新的"有机秩序"：北京旧城居住区整治途径（二）［J］. 建筑学报，1991（2）：7-13.

[99]吴良镛. 关于北京市旧城区控制性详细规划的几点意见［J］. 城市规划，1998（2）：6-9.

[100]吴启焰. 大城市居住空间分异研究的理论与实践［M］. 北京：科学出版社，2001.

[101]肖林. "'社区'研究"与"社区研究"：近年来我国城市社区研究述评［J］. 社会学研究，2011（4）：185-208.

[102]业祖润，边志杰，段炼. 北京前门历史文化街区保护、整治与发展规划［J］. 北京规划建设，2005（4）：33-41.

[103]伊丽莎白·瓦伊斯，瓦伊斯，张玫英，等. 城市挑战：亚洲城镇遗产保护与复兴实用指南［M］. 南京：东南大学出版社，2007.

[104]易峥，阎小培，周春山. 中国城市社会空间结构研究的回顾与展望［J］. 城市规划学刊，2003（1）：21-24.

[105]于涛方，顾朝林. 人文主义地理学：当代西方人文地理学的一个重要流派［J］. 地理学与国土研究，2000（2）：68-74.

[106]喻涛. 北京旧城历史文化街区可持续复兴的"公共参与"对策研究［D］. 北京：清华大学，2013.

[107]袁昕. 北京历史文化保护区保护研究［D］. 北京：清华大学，1999.

[108]湛东升，孟斌. 基于社会属性的北京市居民居住与就业空间集聚特征［J］. 地理学报，2013，68（12）：1607-1618.

[109]张杰. 深求城市历史文化保护区的小规模改造与整治：走"有机更新"之路［J］. 城市规划，1996（4）：14-17.

[110]张轲，张益凡. 共生与更新 标准营造"微杂院"［J］. 时代建筑，2016（4）：80-87.

[111]张敏. 北京什刹海地区规划建设的回顾与论述［D］. 北京：清华大学，1992.

[112]张松. 历史城市保护学导论：文化遗产和历史环境保护的一种整体性方法［M］. 上海：同济大学出版社，2008.

[113]张庭伟. 社会资本 社区规划及公众参与［J］. 城市规划，1999（10）：23-26+30-64.

[114] 张维亚. 国外城市历史街区保护与开发研究综述 [J]. 金陵科技学院学报（社会科学版），2007（2）：55-58.

[115] 张艳，柴彦威，郭文伯. 北京城市居民日常活动空间的社区分异 [J]. 地域研究与开发，2014，33（5）：65-71.

[116] 赵美风，戚伟，刘盛和. 北京市流动人口聚居区空间分异及形成机理 [J]. 地理学报，2018，73（8）：1494-1512.

[117] 赵明. 历史街区复兴中的社会问题初探 [D]. 上海：同济大学，2007.

[118] 赵世瑜，周尚意. 明清北京城市社会空间结构概说 [J]. 史学月刊，2001（2）：112-119.

[119] 赵幸. 北京旧城历史居住街区保护与有机更新的系统性策略研究 [D]. 北京：清华大学，2010.

[120] 赵幸. 生根发芽：东四南历史文化街区规划公众参与及社区营造 [J]. 人类居住，2018（2）：34-37.

[121] 朱介鸣. 西方规划理论与中国规划实践之间的隔阂：以公众参与和社区规划为例 [J]. 城市规划学刊，2012（1）：9-16.

[122] 朱祖希. 前门大街就是前门大街 [J]. 群言，2008（4）：42-44.

后记

　　《院落社会》是我参与北京历史文化街区研究的一些记录和思考，及至书稿基本完成，蓦然发现多年以来的很多工作，都是围绕历史文化街区的生活空间展开。

　　对历史文化街区生活空间的关注，萌生于切身的感受。2009年，在边兰春老师带领下，赵幸、刘嘉璐、侍文君我们几人对白塔寺和西四北地区进行了入户调查。在走进很多院落之后，我发现胡同四合院地区的困难程度比自己预想的还要更严重一些，其中尤以院落内的居住困难为甚。其后两年，我们又陆续对南池子、什刹海、南锣鼓巷等地区开展调查，在这些调查中，我大致形成了一个简单判断——历史文化街区中的社会生活差异是很明显的，而且不同人群、不同空间、不同功能相互之间的关系并不那么融洽。当时，我曾在笔记本上写道："这是一种非融合的共处。"但随着学业完成，这些想法被短暂搁置了两年。

　　2013年重回学校，对历史文化街区社会生活问题的研究得以延续，陆陆续续开展调查和实践，对其中一些片段的印象很深刻。一次是在鲜鱼口地区走访，当我从前门大街出发，经过鲜鱼口街，跨过前门东路，走进腾退部分居民而未及修缮的长巷头条、二条片区时，巨大的对比反差令我震惊，至今记忆犹新。在并不大的一片范围里，有中轴线的繁华，古老商街上游人如织；有整修一新却人流稀少的商业区，精致的院落大门紧闭，铜锁已有锈斑；有破败的居住片区，绝少有外人走入，仍留住的老人颤巍巍地聚在胡同转角，隔三五步就能看见摇摇欲坠、长满荒草的危房，历史文化街区中的社会生活的意义无比清晰地展现出来。另一次是在南锣鼓巷地区，王霁霄、陆达、甘欣悦、赵丹羽、周翰我们几人对典型院落进行了一段时间的田野调查，虽然调查方法并不特别完善，但足以使我们与居民产生了较长时间的、具体而实际的交流。在此之前，我无法假想八十多岁的老人会独自租住在不足十平方米的厢房开间里，往返于医院或独坐屋中，也难以切身感受许多老两口在一个开间里居住五六十年的日常生活。"杂院"不是抽象的词汇，而是一张张具体真实的面孔，是油腻的小厨房，是挂满屋的旧衣裳，是几十年的陈谷子烂芝麻，是添丁进口的喜悦和希望。

其后几年，在其他历史文化街区的类似调查也有很多，这些调查中似乎有一条若隐若现的线索，引导我不断思考历史文化街区中的生活和居住问题。现在想来，这条线索来自于向往均衡和关注基本保障的情感。从朴素情感出发，去观察历史文化街区中的社会生活差异，探寻这种差异的产生，寻找解危解困的方子，似乎能令我略感安心。记得曾有一段短暂的时间，我协助沈原老师在大栅栏地区开展调查，闲聊时候，他提示我从微观的、生活的角度去观察人群之间的交流或隔离。他所提到的雇工和移民研究，对理解历史文化街区颇有裨益。而顾朝林老师在了解我的一些研究工作以后，热烈地鼓励我做更多关于价值观和公平正义的思考。现在看来，虽然未能达及期望，也算略有回应。

历史文化街区的生活空间并非仅来自于当下或社会因素的影响，远至不同历史时期的朝代更迭、民族融合、人口繁衍，近至数十年间的产权和住房政策、遗产保护方式、公共资金投入、个体家庭收入、利益博弈、商业旅游发展等诸多社会因素，与胡同四合院的物质空间相互捏塑，形成了一种具有"社会—空间"双重特征的特别形态，这种形态中的社会空间和物质空间是独一无二的，留有不可磨灭的层叠痕迹。这方面的话题，我与边兰春老师进行过难以计数的讨论，在具体的研究问题之外，这些讨论总是指向一个方向性的思考：这种基于历时性的、具有社会和空间双重特征的特别形态，不仅是历史文化街区中最鲜明的特征，其实更是所有城市和乡村发展变化的共同议题，那就是，时间、空间、社会塑造了怎样一个独一无二的生活空间？带着这种思考，无论在大大小小的城市，还是不同发展程度的乡村，或是海外的不同地区，都可以观察到历史赋予的意义和社会—空间交互反馈所带来的独特性。

生活空间的空间尺度是层层嵌套的，关于这个问题，书中也尝试略作回答。这种空间嵌套关系之中，也包含着自上而下和自下而上的动力逻辑线索。张杰、吕斌、戴俭以及诸多老师都曾给予细致的指点，既可以按照理性逻辑从宏观尺度到微观尺度进行梳理，也可以依着感性逻辑从一个杂院的故事说起，逐渐扩大范围到历史文化街区。在博士论文中，我采用了前者，而在这本书里则又改为后者。回顾研究和写作的过程，充满了这种矛盾和反复。一方面，我不断尝试从理性角度看待历史文化街区的变化；另一方面，却常常不自觉地将自己代入到居民或者公共部门的角色，从感性角度去理解生活诉求、利益博弈或服务管理的日常。在这种矛盾中，我感觉到抽象的、概括的、模式化的研究很容易游离于实际问题之上，看起来正确而无懈可击的说辞，并不能带来启发和解决之道。基于这种模式研究而来的政策和空间行动，似乎并未大范围地真正改善历史文化街区的居住生活条件。

出于这种感受，我尝试解释历史文化街区中一个个的具体问题，但很快又陷入这些问题之中无法厘清，历史文化街区存在太多无法从某个单一角度来解释的情况，我甚至一度怀疑，如此盘根错节的问题，或许永远不可能解释清楚。在这种困惑中停留很长时间之后，我最终选择了以描述微观的生活状况差异作为原点，从这里出发，既可以观察历史文化街区的演变，也可以记录一户一间的情况，政策制度、空间行动和公私之间的博弈合作都有涉及，想来应该是对历史文化街区有用的工作，也以此为基础完成了博士论文。

及至后来，我在北京建筑大学任教，继续开展研究，并参与了北京市东、西城区的一些调查研究和工程实践，能够不断了解历史文化街区中的新情况。此外，学校里有不少钻研历史城市保护更新的同事，教学工作中也常常涉及历史文化街区的调查，与同事和同学们的交流促成了一些新的思考。

回顾书稿的撰写过程，深感缺乏系统的调查研究方法，关于社会生活状况的调研，很多地方不够深入，而由于理论功底不深，案头工作也还不成体系，很多问题的思考更像是朋友间的闲聊。念及如此，索性就更加简单一些，只求琐碎的工作记录不至于荒弃，一些思考不至于遗忘，把这些所看所思整理出来，以求与关心历史城市保护更新的朋友和同仁讨论。文中需要推敲讨论之处甚多，诚请读者批评指正。

研究过程中承蒙住建部软科学项目（2020-R-021）北京城市小微公共空间更新治理技术研究、住建部科研开发项目（2021-K-014）多源数据下的特大城市中心城区更新评估技术研究——北京为例、北京未来城市设计高精尖创新中心项目（UDC2019022324）基于政策—空间—治理融合视角的北京老城整体保护关键技术研究的资助，特此致谢。